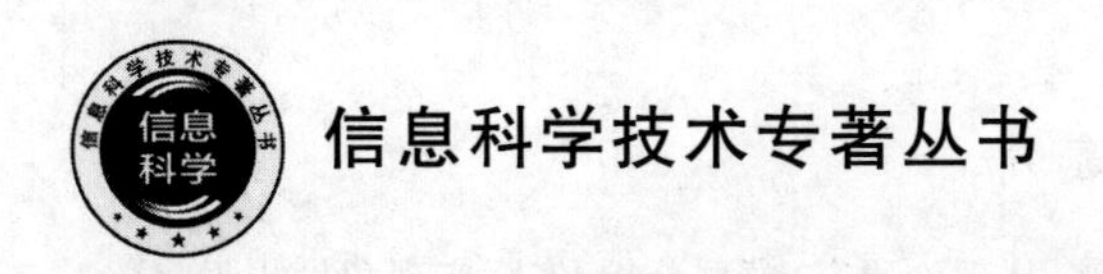


# 大规模 MIMO 异构网络无线资源管理和关键技术

孙钢灿　郝万明　姚壮　赵少柯　编著

北京邮电大学出版社
www.buptpress.com

## 内容简介

本书紧紧围绕未来无线移动通信网络将遇到的问题，从理论研究、模型分析、实际实现角度出发，详细介绍大规模 MIMO 异构网络的基本理论和资源优化问题。首先，分析 CR 型和 SC 型的大规模 MIMO 异构网络，从导频污染出发，考虑导频设计对大规模 MIMO 网络性能的影响；其次，分别对两种类型网络架构中的波束设计、功率分配、传输策略等进行研究，详细分析影响异构网络的性能因素；最后，考虑毫米波在异构网络中的应用，包括毫米波天线结构设计、频率分配、功率分配等对系统性能的影响，为今后毫米波在移动通信中的应用提供理论指导。

本书既可作为高等学校高年级本科生、研究生的前沿技术课程教材，也可作为无线通信技术人员的参考用书。

**图书在版编目(CIP)数据**

大规模 MIMO 异构网络无线资源管理和关键技术 / 孙钢灿等编著. -- 北京：北京邮电大学出版社，2021.11

ISBN 978-7-5635-6543-6

Ⅰ. ①大… Ⅱ. ①孙… Ⅲ. ①无线电通信—移动网—异构网络—研究 Ⅳ. ①TN929.5

中国版本图书馆 CIP 数据核字(2021)第 216186 号

**策划编辑**：刘纳新　姚　顺　　**责任编辑**：刘春棠　　**封面设计**：七星博纳

---

**出版发行**：北京邮电大学出版社
**社　　址**：北京市海淀区西土城路 10 号
**邮政编码**：100876
**发 行 部**：电话：010-62282185　传真：010-62283578
**E-mail**：publish@bupt.edu.cn
**经　　销**：各地新华书店
**印　　刷**：唐山玺诚印务有限公司
**开　　本**：787 mm×1 092 mm　1/16
**印　　张**：8.5
**字　　数**：179 千字
**版　　次**：2021 年 11 月第 1 版
**印　　次**：2021 年 11 月第 1 次印刷

---

ISBN 978-7-5635-6543-6　　定价：35.00 元

**·如有印装质量问题，请与北京邮电大学出版社发行部联系·**

# 前　言

随着虚拟现实、增强现实、智慧家居等智能应用的快速发展，无线通信容量的需求将会越来越高，如何满足如此巨大的数据需求量是未来无线网络发展的关键。异构大规模 MIMO 是解决上述挑战很有潜力的技术之一。通过部署不同类型的网络和大规模 MIMO 天线，可大幅度提高系统容量。相比于传统同构网络 MIMO 技术，异构大规模 MIMO 技术可有效满足未来移动终端对无线网络容量的巨大需求。因此，学术界和产业界对异构大规模 MIMO 的研究产生了极大兴趣。

本书从异构网络大规模 MIMO 的基本结构及原理开始，介绍两种不同的异构网络，即认知无线电(Cognitive Radio，CR)型的大规模 MIMO 异构网络和微小区(Small Cell，SC)型的大规模 MIMO 异构网络，研究大规模 MIMO 中的导频设计以及导频污染。针对 CR 型的大规模 MIMO 异构网络，研究导频污染以及导频分配问题，并且考虑了功率分配问题等。针对 SC 型的大规模 MIMO 异构网络，研究导频分配、小区成簇等联合功率分配问题，并且考虑采用毫米波波段时，对基站天线结构设计和波束设计等提出新方案。本书的研究内容为将来不同种类异构网络的标准化和产业化提供了理论指导。

本书由郑州大学无线通信相关专业教师撰写，其中第 1、2 章由郝万明撰写，第 3 章由赵少柯撰写，第 4 章由姚壮撰写，第 5～8 章由孙钢灿撰写，全书由孙钢灿定稿。

本书在撰写过程中，得到了郑州大学信息工程学院和郑州大学产业技术研究院的大力支持，在此表示衷心的感谢。

# 目　　录

# 第1章　引　　言

## 1.1　研究背景

在过去的几十年中，无线通信网络经历了从第一代到第五代的稳步发展。与此同时，一些先进的技术，如宽带码分多址（WCDMA）、正交频分多址（OFDMA）等已经应用于不断发展的无线网络中。然而，近年来移动数据业务（如移动视频会议、虚拟现实和线上游戏等）和智能通信设备（如智能手机、平板计算机、笔记本计算机和可穿戴设备等）快速增长，图 1.1 和图 1.2 分别显示了 2016 年至 2021 年全球移动数据流量的增长情况和移动设备的需求数量[1]。到 2021 年，全球移动数据流量增长到每月 49 EB，同时移动设备的需求数量增长到 113 亿台。尽管智能手机和多媒体服务的增加满足了移动用户的体验和要求，但当前的移动网络并不能提供足够的系统容量以处理如此巨大的视频流。因此，如何满足日益增长的移动用户服务需求已成为未来移动网络面临的主要挑战之一。

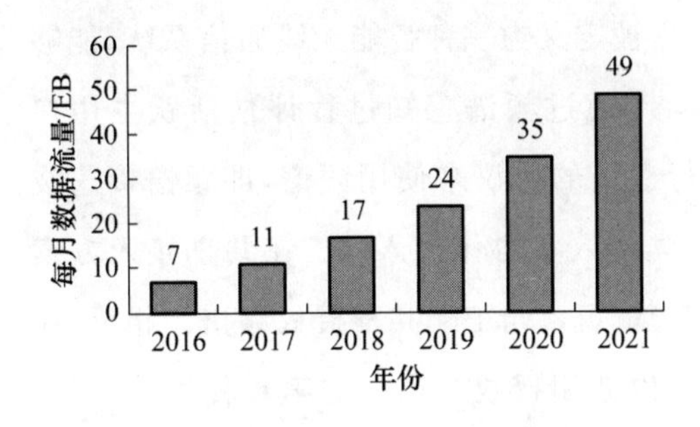


图 1.1　全球移动数据流量的增长趋势

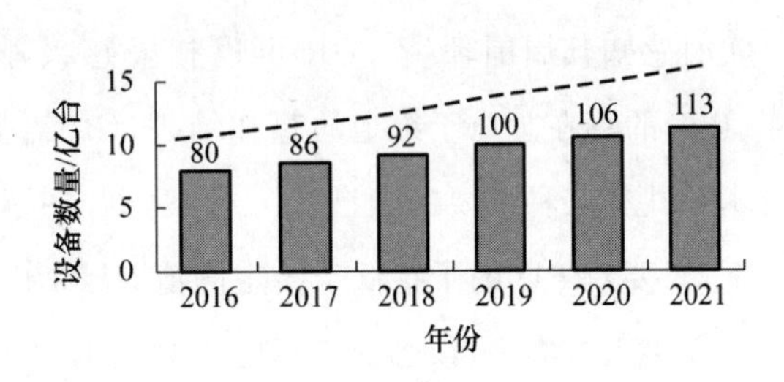


图 1.2　全球移动设备的需求数量

### 1.1.1　异构网络

多输入多输出（MIMO）是无线通信领域的关键技术，有效提高了无线系统容量，发射端和接收端均配备多根天线。此外，MIMO 已成为包括 IEEE 802.11n（Wi-Fi）、IEEE 802.11ac（Wi-Fi）、HSPA＋（3G）、WiMAX（4G）和长期演进（4G）在内的无线通信标准的重要组成部分[2-4]。另外,空间复用增益的研究已从 MIMO 转移到多用户 MIMO,其中多天线基站(BS)同时为多个用户提供服务,这主要是由于多用户 MIMO 技术可带来一些性能提升,如空间复用、空间分集和干扰整合。

众所周知,更多的频谱资源可以带来更高的吞吐量,但目前处于低频段的无线频谱已经分配完毕,因此面对新服务则可能没有可分配的频谱资源。但是,联邦通信委员会(FCC)的报告表明,目前频谱稀缺的主要原因是授权的频谱并非总是被使用[5],如图 1.3 所示,总是存在频谱空洞。因此,如何充分利用那些暂时未使用的频谱并提高频谱利用率至关重要。

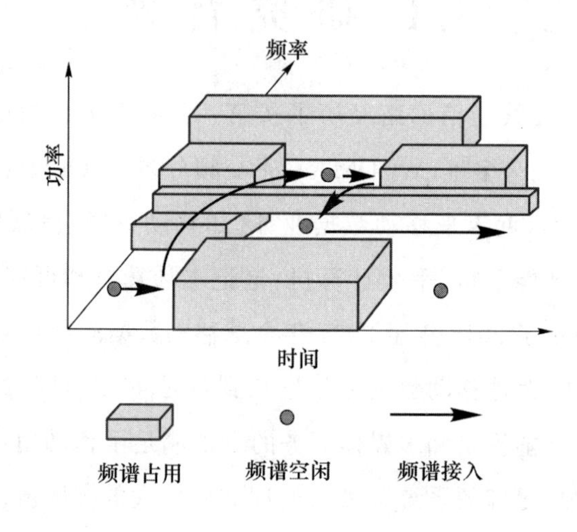


图 1.3　频谱利用图

基于此,有人提出了认知无线电(CR)技术[6],它被定义为一种智能无线通信系统,能够实时感知其周围环境。CR 可以扫描感兴趣的频带,通过频谱感知过程评估活跃主用户(PU)的存在。对于给定的感知结果,CR 需要执行适当的协议来使用频谱,即频谱接入技术。共有三种主要的频谱接入方案:共享接入、独立接入和协作接入[7]。在共享接入方案下,只要对 PU 的干扰低于给定阈值,认知用户(CU)就可以与 PU 共享授权频谱。相反,在独立接入方案下,仅当 PU 不使用频谱时,CU 才可以使用授权频谱。与第一种设计类似,协作接入方案下,允许 CU 与 PU 共享授权频谱。但是,要求 CU 通过使用一些复杂的信号处理和编码技术来实现与 PU 的通信合作,同时获得自己通信的机会。

除认知无线电技术外,超密集微小区(SC)的部署也是提高系统吞吐量的有效方法。例如,在多用户网络中,小区覆盖范围内的用户共享可用带宽。因此,可以降低小区覆盖范围并部署更多的小区基站,通过多小区的频率复用进而增加每个用户的可用带宽,如图 1.4 所示。同时,SC 的部署缩短了终端和 BS 之间的距离。因此,可以降低 BS 发射功率,改善接收信号的信噪比,实现密集频谱复用。此外,SC 以及 GSM、CDMA2000、TD-SCDMA、

W-CDMA、LTE、WiMax可用于各种干扰管理。

为满足巨大的无线数据流量需求,有必要将不同类型的网络进行组合并形成异构网络(HetNet)。例如,主网络(PN)和认知网络(CN)共存以形成CR型HetNet,如图1.5所示。宏小区(MC)和SC共存以形成SC型HetNet,如图1.6所示。HetNet的高频谱效率可以归结为以下几点:CN可以与PN共享CR型HetNet的频谱,SC可以为微用户(SU)提供高数据速率,同时MC可以保证对用户的无缝覆盖。CR型和SC型HetNet的唯一区别是,在CR型HetNet中PN拥有使用资源的优先权,而在SC型HetNet中宏用户(MU)和SU使用资源的优先级相同。

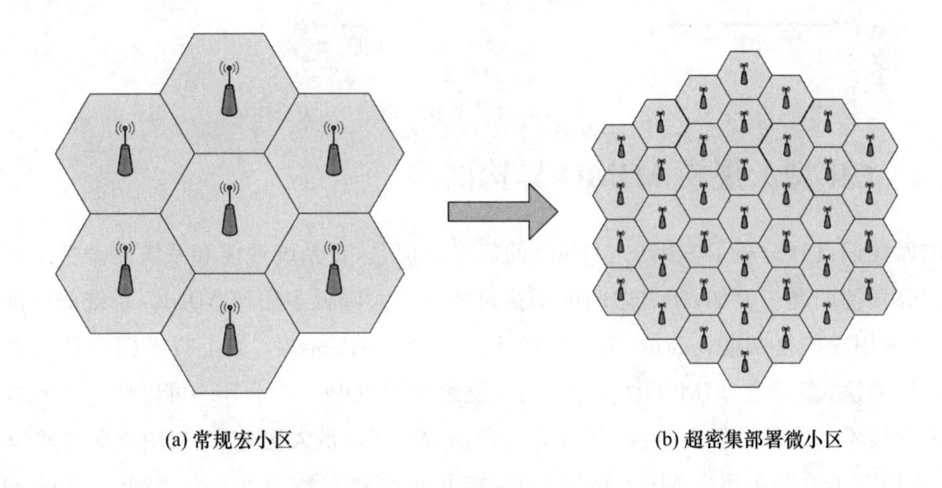


图1.4 超密集微小区部署

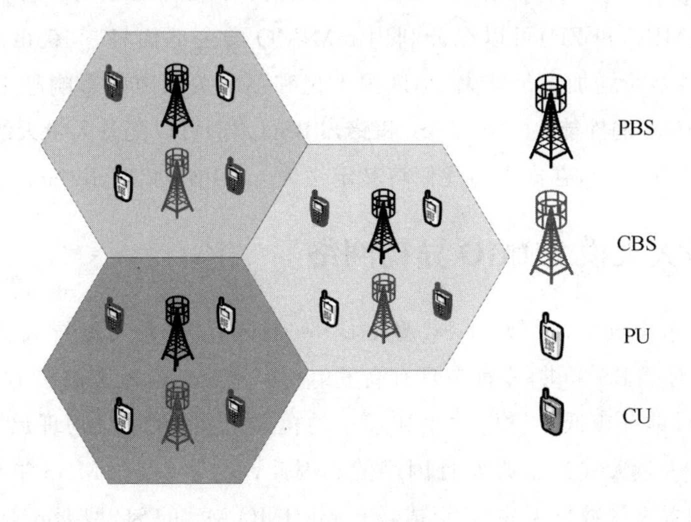


图1.5 CR型异构网络

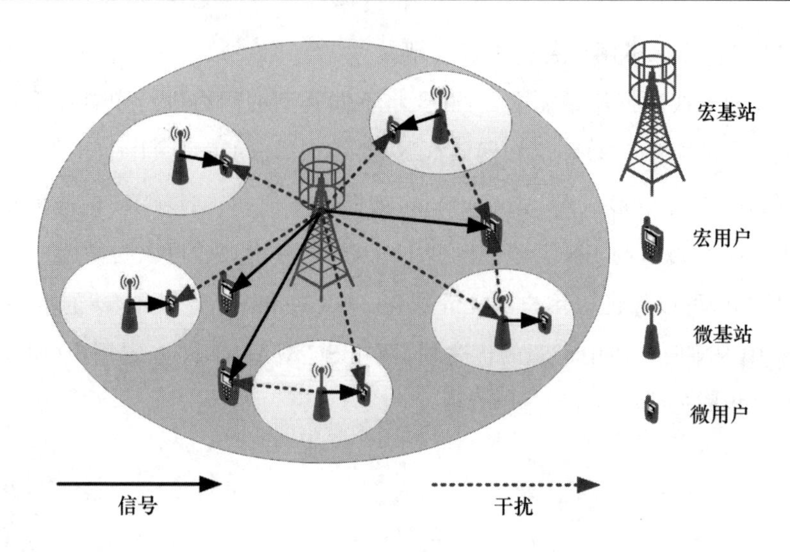


图 1.6 SC 型异构网络

### 1.1.2 CR 型大规模 MIMO 异构网络

前面我们已经分析了多用户 MIMO 的优势。但是,在系统性能和系统复杂性之间始终存在利弊权衡问题。例如,用户之间的干扰可能会大大降低多用户 MIMO 系统的性能。因此,必须采用一些复杂度较高的、非线性的干扰整合或消除技术,如上行链路中的最大似然多用户检测法、多用户 MIMO 中下行链路的脏纸编码(DPC)技术等。可以使用一些线性的干扰消除技术来降低计算复杂度,如最大比传输(MRT)、最大比合并(MRC)或迫零(ZF)技术等,它们对于改善多用户 MIMO 系统的性能并非非常有效。基于此,提出大规模 MIMO(mMIMO)技术,BS 配置大规模天线使其终端数量远小于 BS 天线数量[8]。在这种情况下,BS 具有更高的自由度,可以获得较高的系统吞吐量。同时,已经证实,使用简单的线性预编码方法(如 MRT、MRC 和 ZF)可以充分利用 mMIMO 的全部优势[9],获得近似最优的性能,即随着 BS 天线数量增加至足够大,小区内干扰和不相关噪声的影响趋于消失。因此,为提高 CR 型 HetNet 的性能,主 BS(PBS)和感知 BS(CBS)可以配备大量天线,并形成具有 mMIMO 的 CR 型 HetNet,在本书中我们将其定义为 mMIMO-CR HetNet。

### 1.1.3 SC 型大规模 MIMO 异构网络

与 mMIMO-CR HetNet 类似,在 SC 型 HetNet 中所有 BS 均可配置大量天线,以提高系统性能。但是,对于 BS 来讲,一种是具有高发射功率和大覆盖范围的宏 BS(MBS);另一种是 SC BS(SBS),具有较低的发射功率和较小的覆盖范围,并且其物理尺寸也较小。然而,在 SBS 上配备大量天线是不必要且困难的。因此,我们可以在 MBS 中配置大规模天线,而在 SBS 中配置常规数目天线,并形成具有 mMIMO MC 的 SC 型 HetNet,在本书中将其定义为 mMIMO-SC HetNet。

# 1.2 研究动机

## 1.2.1 大规模 MIMO 中的关键问题

在前面的章节中，我们分析了 mMIMO-CR HetNet 和 mMIMO-SC HetNet 的优势。然而，mMIMO 技术在 HetNet 中的应用还存在一些挑战。通常，在 mMIMO 系统中，BS 采用预编码来消除多用户干扰。在这种情况下，应通过信道估计来获得信道状态信息(CSI)。信道估计通常基于导频，包括上行链路导频(从用户到 BS)和下行链路导频(从 BS 到用户)。对于下行链路导频，当 BS 存在大量天线时，正交导频(这里的正交导频意味着不同的导频码是正交的)的需求很大，这主要是因为需要为每根天线分配一个正交导频。因此，大量的正交导频增加了导频开销，反而降低了传输效率。相反，当使用上行链路导频时，每个服务用户发送一个正交导频。在这种情况下，正交导频的数目等于用户数目。一般来说，系统服务的用户数目比 BS 天线数目少得多。因此，上行导频传输的导频开销较小，通常用于 mMIMO 系统[8]。据此，可以采用时分双工(TDD)技术使得上行链路估计的 CSI 也可用于下行链路。这里，TDD 表示导频和数据传输在一帧中占据不同的时间。尽管可以在每个小区中使用正交导频，但是由于相干时间有限，它们必须在不同的小区中重复导频。结果，不同的用户将使用同一导频，这会导致导频干扰(污染)[10]。因此，将 mMIMO 应用于 HetNet 时，必须考虑并解决导频污染。

我们首先研究 mMIMO 网络中的导频污染问题。假设总共有 $L$ 个小区共享同一组 $K$ 个导频信号。在每个小区中，BS 配备 $M$ 根天线服务 $K$ 个用户终端。在这种情况下，第 $j$ 个 BS 的接收信号可写为

$$\boldsymbol{r}_j = \sqrt{p_{\mathrm{u}}}\sum_{l=1}^{L}\boldsymbol{G}_{jl}\boldsymbol{x}_l + \boldsymbol{n}_j \tag{1.1}$$

其中：$p_{\mathrm{u}}$ 是每个终端的平均发射功率；$\boldsymbol{G}_{jl}$ 是第 $l$ 个小区的 $K$ 个终端与第 $j$ 个小区的 BS 天线之间的 $M\times K$ 阶信道矩阵，$[\boldsymbol{G}_{jl}]_{mk} = g_{mjkl} = \sqrt{\beta_{jkl}}h_{mjkl}$；$\boldsymbol{x}_l$ 是来自第 $l$ 个小区的传输符号；$\boldsymbol{n}_j$ 是接收端噪声向量。令 $\hat{\boldsymbol{G}}_{jj}$ 表示第 $j$ 个小区的 $M$ 根 BS 天线与第 $j$ 个小区中的 $K$ 个终端之间的 $M\times K$ 阶传播矩阵的估计，可以写成

$$\hat{\boldsymbol{G}}_{jj} = \sqrt{p_{\mathrm{t}}}\sum_{l=1}^{L}\boldsymbol{G}_{jl} + \boldsymbol{v}_j \tag{1.2}$$

其中，$p_{\mathrm{t}}$ 是导频发射功率，$\boldsymbol{v}_j$ 是接收噪声。BS 通过 MRC 处理其接收信号并产生

$$\hat{\boldsymbol{r}} = \hat{\boldsymbol{G}}_{jj}^{\mathrm{H}}\boldsymbol{r}_j = \left[\sqrt{p_{\mathrm{t}}}\sum_{l=1}^{L}\boldsymbol{G}_{jl} + \boldsymbol{v}_j\right]^{\mathrm{H}}\left[\sqrt{p_{\mathrm{u}}}\sum_{l=1}^{L}\boldsymbol{G}_{jl}\boldsymbol{x}_l + \boldsymbol{n}_j\right] \tag{1.3}$$

随着 $M$ 的无限增长，这些向量的 L2 范数正比于 $M$ 的增加，而不相关向量的内积以较慢的速度增长。对于较大的 $M$，恒等量的乘积仍然重要，且可以得到

$$\frac{1}{M}\boldsymbol{G}_{jl_1}^{\mathrm{H}}\boldsymbol{G}_{jl_2}=\boldsymbol{D}_{\bar{\beta}_{jl_1}}^{1/2}\left(\frac{\boldsymbol{H}_{jl_1}^{\mathrm{H}}\boldsymbol{H}_{jl_2}}{M}\right)\boldsymbol{D}_{\bar{\beta}_{jl_2}}^{1/2} \tag{1.4}$$

其中：$\boldsymbol{D}_{\bar{\beta}_{jl_1}}^{1/2}$ 是一个 $K\times K$ 阶对角矩阵，且 $[\bar{\beta}_{jl}]_k=\beta_{jkl}$；$\boldsymbol{H}_{jl}^{\mathrm{H}}$ 是一个 $M\times K$ 阶快衰落系数矩阵，且 $[\boldsymbol{H}_{jl}]_{mk}=h_{mjkl}$。随着 $M$ 的无限增长，我们可以得到 $\frac{1}{M}\boldsymbol{H}_{jl_1}^{\mathrm{H}}\boldsymbol{H}_{jl_2}\rightarrow\boldsymbol{I}_k\delta_{l_1l_2}$，其中 $\boldsymbol{I}_K$ 是 $K\times K$ 阶单位矩阵。因此，我们得到

$$\frac{1}{M\sqrt{p_{\mathrm{t}}p_{\mathrm{u}}}}\hat{\boldsymbol{r}}_j\rightarrow\sum_{l=1}^{L}\boldsymbol{D}_{\bar{\beta}_{jl}}\boldsymbol{x}_l \tag{1.5}$$

已处理信号的第 $k$ 个分量变为

$$\frac{1}{M\sqrt{p_{\mathrm{t}}p_{\mathrm{u}}}}\hat{r}_{kj}\rightarrow\beta_{jkj}x_{kj}+\sum_{l\neq j}\beta_{jkl}x_{kl} \tag{1.6}$$

因此，用户的速率可以写成

$$R_{lk}=\log_2\left(1+\frac{\beta_{lkl}^2}{\sum_{l\neq j}\beta_{jkl}^2}\right) \tag{1.7}$$

从式(1.7)可以看出，用户的速率受其他小区导频污染的影响。因此，应用 mMIMO 技术时一个基本问题是如何减少导频污染。在本书中，我们将首先研究导频污染问题，并在同构 mMIMO 网络中提出有效的导频分配方案，以减少导频污染，这将成为研究 mMIMO-CR HetNet 和 mMIMO-SC HetNet 的基础。

## 1.2.2　大规模 MIMO 异构网络中的资源管理和关键技术

我们已经分析了在 mMIMO 中的导频污染问题，由于 PBS 和 SBS 都配备大规模天线，因此有必要研究 mMIMO-CR HetNet 中的导频分配问题。此外，对于 CR 型 HetNet，众所周知，PN 具有使用资源的优先权。换句话说，尽管允许 CN 与 PN 共享资源，但是应当避免 CN 对 PN 产生的严重干扰。否则，PN 的通信将受到影响。基于此，当 CN 与 PN 共享资源时，SBS 必须控制发射功率，使其对 PN 产生的干扰低于可容忍水平。因此，除了导频分配，还应研究 mMIMO-CR HetNet 中 SBS 的功率分配问题。

另外，由于 MBS 配备了大规模天线，因此必须研究 mMIMO-SC HetNet 中的导频分配问题。另外，不同于 mMIMO-CR HetNet，MU 和 SU 具有相同的优先级来使用资源。因此，应该考虑 MU 和 SU 之间的干扰。实际上，从图 1.6 中可以明显看出，由于 MBS 的高发射功率，SU 受到 MBS 的干扰非常严重。当大量的 SC 被 MC 覆盖时，还应考虑 SC 之间的干扰。因此，如何降低从 MBS 到 SU 的干扰以及协调 SC 之间的干扰也是至关重要的，且同样是 mMIMO-SC HetNet 面临的挑战，这将是本书研究的主要内容。

### 1.2.3 面临的挑战

大规模 MIMO 异构网络中资源管理面临的首要问题是导频设计，不仅需要考虑 PN 和 CN，还需要考虑 MC 和 SC，这无疑增加了系统导频设计的复杂度。另外，波束也是整合异构网络中干扰的关键技术，如何为大规模 MIMO BS 设计有效的波束是异构网络面临的主要挑战。因此，本书从大规模 MIMO 异构网络所面临的最基本的导频问题出发，研究基于 CR 和 SC 的大规模 MIMO 异构网络的导频设计和功率分配问题，通过设计合理的导频、波束和功率分配实现系统性能最优。

## 本章小结

本章首先介绍了大规模 MIMO 异构网络的基本概念，提出了两种异构网络，即 CR 型大规模 MIMO 异构网络和 SC 型大规模 MIMO 异构网络。然后，介绍了两种大规模 MIMO 异构网络的优势以及资源优化技术。最后，分析了 CR 型和 SC 型大规模 MIMO 异构网络所面临的挑战及其解决方案。

## 本章参考文献


[1] Cisco. Cisco visual networking index: global mobile data traffic forecast update, 2016-2021 White Paper[EB/OL]. 2017. www. Cisco. com.

[2] Cisco. Visual networking index[EB/OL]. 2015. www. Cisco. com.

[3] RAPPAPORT T S, ROH W CHEUN K. Wireless engineers long considered high frequencies worthless for cellular systems. They couldn't be more wrong[J]. IEEE Spectrum, 2014, 51(9): 34-58.

[4] LARST B, ANDREAS S, PASCAL P, et al. MIMO power line communications: narrow and broadband standards, EMC, and advanced processing [M]. Los Angeles: CRC Press, 2014.

[5] Commission F C. Facilitating opportunities for flexible, efficient, and reliable spectrum use employing cognitive radio technologies[J]. FCC ET Docket, 2003: 03-108.

[6] TACHWALI Y, LO B F, AKYILDIZ I F, et al. Multiuser resource allocation optimization using bandwidth-power product in cognitive radio networks[J]. IEEE Journal on Selected Areas in Communications, 2013, 31(3): 451-463.

[7] ZHANG Y H, LEUNG C. Resource allocation in an OFDM-based cognitive radio

system[J]. IEEE Transactions on Communications, 2009, 57(7): 1928-1931.

[8] LU L, LI G Y, SWINDLEHURST A L, et al. An overview of massive MIMO: benefits and challenges[J]. IEEE Journal of Selected Topics in Signal Processing, 2014, 8(5):742-758.

[9] MARZETTA T L. Noncooperative cellular wireless with unlimited numbers of base station antennas[J]. IEEE Transactions on Wireless Communications, 2010, 9(11): 3590-3600.

[10] FERNANDES F, ASHIKHMIN A MARZETTA T L. Inter-cell interference in noncooperative TDD large scale antenna systems[J]. IEEE Journal on Selected Areas in Communications, 2013, 31(2):192-201.

# 第 2 章　大规模 MIMO 中的导频资源设计

## 2.1　引　　言

本章主要研究如何通过有效分配导频来减少导频污染，从而提高 mMIMO 系统的性能。当前，已有大量文献研究 mMIMO 系统中的导频分配和导频污染，如文献[1-5]。文献[1]提出一种导频分配方案来减少导频污染问题，即通过优化导频序列以最大化上行链路的信噪功率比。文献[2]提出一种按小区调度用户的方案以最大化频谱效率，但是该方案并没有考虑小区中特定用户数目下的导频分配策略。文献[3]提出一种部分导频重用方案，当不同小区中的用户靠近基站时，允许这些用户重用相同的导频序列。否则，当相邻小区中的用户距离各自 BS 较远时，要求用户采用正交导频序列。因此，对于距离 BS 较近的用户并未考虑导频分配。文献[4]提出一种基于图论的导频分配以减少导频污染。首先，根据具有相同导频的不同小区中任意两个用户之间潜在的导频污染强度来构建干扰图。然后，在用户之间分配导频以最小化干扰图中的潜在导频污染。文献[5]假设每个小区都拥有一个导频子集，各个小区可以合作利用其他小区的导频并支持更多用户。但是，该方案没有考虑导频到用户的分配。尽管以上工作提出一些导频分配方案来提高系统的容量，但是当考虑系统总速率最大化时，并不是全局最优的导频分配方案。

在本章中，我们考虑两段的系统传输方案：上行导频传输和上行数据传输。通过减少来自相邻小区的导频干扰提高上行数据传输速率。最佳导频分配由充当主 BS 的中央控制单元(CCU)决定。我们构建一种最大化 mMIMO 系统上行总速率的导频分配优化问题。为降低复杂度，提出一种迭代导频分配优化算法，该算法将原始问题转换为多个子问题，可作为一对一匹配问题进行解决。对每个子问题，采用匈牙利算法[6]找到最优导频分配问题。此外，为提高用户的公平性，我们构建一个基于用户公平性的导频优化问题，并采用相似算法获得最初问题的导频分配。

## 2.2　系统模型

如图 2.1 所示，考虑由 $L$ 个六边形小区组成的多小区系统。每个小区的半径为 $r_c$，中心小区的 BS 可以作为 CCU 控制系统资源分配，每个 BS 均配备 $M$ 根天线并为 $K(M\gg K)$ 个单天线用户提供服务。假设每帧中都有 $S$ 个符号的时频相干块。由于相干时间有限，我们在相邻小区重用 $K$ 个正交导频信号 $\boldsymbol{\Psi}=(\boldsymbol{\psi}_1,\boldsymbol{\psi}_2,\cdots,\boldsymbol{\psi}_K)^{\mathrm{T}}\in\mathbb{C}^{K\times K}(\boldsymbol{\psi}_i=(\psi_{i1},\cdots,\psi_{iK})^{\mathrm{T}})$。每个小区中不同用户使用正交导频以避免严重的导频干扰，并且假设 $\boldsymbol{\Psi}\boldsymbol{\Psi}^{\mathrm{H}}=\boldsymbol{I}_K$，其中$(\cdot)^{\mathrm{T}}$ 和$(\cdot)^{\mathrm{H}}$ 分别表示矩阵的转置和共轭转置。

在上行导频传输阶段，第 $l$ 个小区的 BS 接收的信号可以表示为

$$\boldsymbol{Y}_l=\sqrt{p_{\mathrm{p}}}\sum_{j=1}^{L}\sum_{k=1}^{K}\boldsymbol{h}_{ljk}\boldsymbol{\psi}_k^{\mathrm{T}}+\boldsymbol{Z}_l \tag{2.1}$$

其中：$p_{\mathrm{p}}$ 表示导频发射功率；$\boldsymbol{Z}_l\in\mathbb{C}^{M\times K}$ 表示一个独立同分布的加性高斯白噪声（AWGN），且服从 $\mathcal{CN}(0,\delta_z^2)$；$\boldsymbol{h}_{ljk}\in\mathbb{C}^{M\times 1}$ 表示第 $l$ 个小区中的 BS 与第 $j$ 个小区中的第 $k$ 个用户之间的信道系数。$\boldsymbol{h}_{ljk}=\sqrt{\beta_{ljk}}\boldsymbol{g}_{ljk}$，其中 $\beta_{ljk}$ 和 $\boldsymbol{g}_{ljk}\sim\mathcal{CN}(0,\boldsymbol{I}_M)$ 分别表示大尺度衰落系数和小尺度衰落。

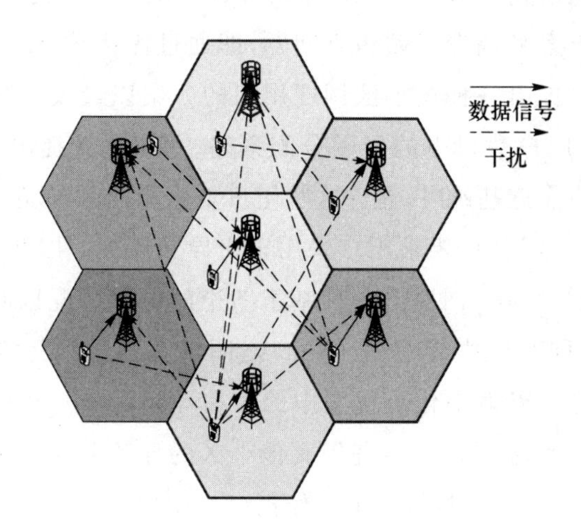


图 2.1　多小区系统模型

通过将 $\boldsymbol{Y}_l$ 与 $\boldsymbol{\psi}_k^*$ 相关联来获得第 $l$ 个小区中第 $k$ 个用户估计的信道：

$$\begin{aligned}\widetilde{\boldsymbol{h}}_{llk}&=\boldsymbol{h}_{llk}\boldsymbol{\psi}_k^{\mathrm{T}}\boldsymbol{\psi}_k^*+\sum_{j\neq l}^{L}\sum_{i=1}^{K}\boldsymbol{h}_{lji}\boldsymbol{\psi}_i^{\mathrm{T}}\boldsymbol{\psi}_k^*+\frac{1}{\sqrt{p_{\mathrm{p}}}}\boldsymbol{Z}_l\boldsymbol{\psi}_k^*\\&=\boldsymbol{h}_{llk}+\sum_{j\neq l}^{L}\sum_{i=1}^{K}f[\theta(j,i),\theta(l,k)]\boldsymbol{h}_{lji}+\boldsymbol{w}_{lk}\end{aligned} \tag{2.2}$$

其中：$(\cdot)^*$ 表示复共轭；$\boldsymbol{w}_{lk}$ 表示等效噪声；$\boldsymbol{\psi}_{\theta(j,i)}(\theta(j,i)\in\{1,\cdots,K\})$表示当 $k\neq k'$ 时，第 $j$ 个小区中的第 $i$ 个用户使用第 $\theta(j,i)$个导频。在式(2.2)中，$f[\cdot]\in\{0,1\}$ 代表导频重用索引值，当 $\theta(j,i)=\theta(l,k)$时，$f[\theta(j,i),\theta(l,k)]=1$，否则 $f[\theta(j,i),\theta(l,k)]=0$。

在数据传输阶段，第 $l$ 个小区的 BS 接收的信号可以表示为

$$\boldsymbol{y}_l=\sqrt{p_{\mathrm{t}}}\sum_{j=1}^{L}\sum_{k=1}^{K}\boldsymbol{h}_{ljk}x_{jk}+\boldsymbol{n}_l \tag{2.3}$$

其中：$p_t$ 表示上行数据传输功率；$x_{jk}$ 表示第 $l$ 个小区中第 $k$ 个用户传输的数据，其中 $E[|x_{lk}|^2]=1$；噪声 $\boldsymbol{n}_l \sim \mathcal{CN}(\boldsymbol{0},\sigma_l^2 \boldsymbol{I}_M)$。$E[\cdot]$是期望运算符。

使用式(2.2)中第 $k$ 个用户估计的信道，采用匹配滤波(MF)检测器来获得第 $k$ 个用户的决策变量：

$$\begin{aligned}\tilde{x}_{lk} = \tilde{\boldsymbol{h}}_{llk}^{\mathrm{H}} \boldsymbol{y}_l = & \underbrace{\sqrt{p_t}\boldsymbol{h}_{llk}^{\mathrm{H}}\boldsymbol{h}_{llk}x_{lk}}_{\text{期望信号}} + \underbrace{\sqrt{p_t}\sum_{n\neq k}^{K}\boldsymbol{h}_{llk}^{\mathrm{H}}\boldsymbol{h}_{lln}x_{ln}}_{\text{小区内干扰}} + \\ & \underbrace{\sqrt{p_t}\sum_{j\neq l}^{L}\sum_{i=1}^{K}\sum_{m=1}^{L}\sum_{n=1}^{K} f[\theta(j,i),\theta(l,k)]\boldsymbol{h}_{lji}^{\mathrm{H}}\boldsymbol{h}_{lmn}x_{mn}}_{\text{导频污染}} + \\ & \underbrace{\sqrt{p_t}\sum_{m\neq l}^{L}\sum_{n=1}^{K}\boldsymbol{h}_{llk}^{\mathrm{H}}\boldsymbol{h}_{lmn}x_{mn}}_{\text{小区间干扰}} + \underbrace{\omega_{lk}}_{\text{不相关噪声}}\end{aligned} \tag{2.4}$$

其中，$\omega_{lk}=\boldsymbol{h}_{llk}^{\mathrm{H}}\boldsymbol{n}_l+\sum_{j\neq l}^{L}\sum_{i=1}^{K} f[\theta(j,i),\theta(l,k)]\boldsymbol{h}_{lji}^{\mathrm{H}}\boldsymbol{n}_l+\boldsymbol{w}_{lk}^{\mathrm{H}}\boldsymbol{n}_l$。在式(2.4)中，第一项表示所需的信号分量，第二项表示小区内干扰，第三项表示导频污染，第四项表示小区间干扰，最后一项表示经过 MF 过滤的不相关噪声。根据式(2.4)，用户的平均上行速率可以表示为

$$r_{lk}=E\left\{\log_2\left(1+\frac{|\boldsymbol{h}_{llk}^{\mathrm{H}}\boldsymbol{h}_{llk}|^2}{\mathrm{IN}_{lk}+|\omega_{lk}|^2/p_t}\right)\right\} \tag{2.5}$$

其中，$\mathrm{IN}_{lk}=\sum_{n\neq k}^{K}|\boldsymbol{h}_{llk}^{\mathrm{H}}\boldsymbol{h}_{lln}|^2+\sum_{m\neq l}^{L}\sum_{n=1}^{K}|\boldsymbol{h}_{llk}^{\mathrm{H}}\boldsymbol{h}_{lmn}|^2+\sum_{j\neq l}^{L}\sum_{i=1}^{K}\sum_{m=1}^{L}\sum_{n=1}^{K} f[\theta(j,i),\theta(l,k)]|\boldsymbol{h}_{lji}^{\mathrm{H}}\boldsymbol{h}_{lmn}|^2$。

## 2.3　最大化系统总速率的资源优化方案

在本节中，我们首先构建一个导频分配优化问题，使系统的数据传输总速率最大。然后，提出一种低复杂度的算法进行求解。最后，考虑到用户速率公平性，将公平感知的导频分配公式化为用户对数速率之和的最大化问题，并使用类似的方法来解决该问题。

### 2.3.1　考虑系统总速率的导频资源优化问题

根据以上分析，可以构建最大化系统数据总速率的导频分配优化问题，即

$$\begin{aligned}&\max_{\theta}\ R(\boldsymbol{\theta})=\sum_{l=1}^{L}\sum_{k=1}^{K}(1-\eta)r_{lk}\\ &\text{s.t.}\ \ \theta(l,k)\in\{1,2,\cdots,K\},\quad \forall\, l,k\\ &\qquad \theta(l,k)\neq\theta(l,k'),\quad k\neq k'\end{aligned} \tag{2.6}$$

其中，$\boldsymbol{\theta}=[\theta(l,k)]_{L\times K}$ 表示每个用户的导频分配索引值，$\eta=K/S$。为解决优化问题(2.6)，需要准确的 CSI 来估计用户速率 $r_{lk}$。但是，在确定导频分配之前无法获得 CSI，使得该问

题的求解比较困难。

根据文献[7]，当BS天线的数量$M$趋于无穷大时，可以仅使用大规模衰落系数来获得上行数据传输速率，即

$$r_{lk} \approx \log_2\left(1+\frac{\beta_{llk}^2}{\sum_{j\neq l}^{L}\sum_{i=1}^{K} f[\theta(j,i),\theta(l,k)]\beta_{lji}^2}\right) \tag{2.7}$$

从式(2.7)可以看出，可以仅使用大规模衰落系数来近似优化问题中的数据速率，而这些衰落系数很容易被BS跟踪。

## 2.3.2 导频优化方案

问题(2.6)被称为混合整数规划(MIP)问题。这个问题求解比较困难是由于导频分配索引值的离散性。尽管可用穷举搜索找到最佳的导频分配，但它需要$O((K!)^L)$级的高计算复杂度。因此，对于多小区mMIMO系统中的大量用户而言，穷举搜索不是可行的解决方案。

为了降低计算复杂度，我们将问题(2.6)分解为$L$个子问题，在每个子问题中，我们优化一个特定小区中$K$个用户的导频分配，并固定其他$L-1$个小区中的导频分配。根据上面的描述，我们可以得到以下子问题之一：

$$\begin{aligned} &\max_{\boldsymbol{\theta}_m} R_m(\boldsymbol{\theta}_{-m},\boldsymbol{\theta}_m) \\ &\text{s.t. } \theta(m,k)\in\{1,2,\cdots,K\}, \quad \forall k \\ &\qquad \theta(m,k)\neq\theta(m,k'), \quad k\neq k' \end{aligned} \tag{2.8}$$

其中，$R_m(\boldsymbol{\theta}_{-m},\boldsymbol{\theta}_m)=\sum_{l=1}^{L}\sum_{k=1}^{K}(1-\eta)\log_2\left(1+\frac{\beta_{llk}^2}{\sum_{j\neq l}^{L}\sum_{i=1}^{K} f[\theta(j,i),\theta(l,k)]\beta_{lji}^2}\right)$，$\boldsymbol{\theta}_{-m}$表示除第$m$个小区以外的导频分配矩阵，$\boldsymbol{\theta}_m$表示第$m$个小区的导频分配矩阵。对于问题(2.8)，由于已经预先给定了其他小区中的导频分配(第1次迭代假设在这些小区中随机分配导频)，因此我们只需要在第$m$个小区中为用户分配导频来最大化系统的总速率。尽管可以采用群搜导频方案，但是其计算复杂度为$O((K!))$，将会随着$K$的增加而急剧增加。

为降低导频设计复杂度，我们提出一种低复杂度的导频分配方案。具体来讲，由于在其他$L-1$个小区中的导频分配已经给定，因此问题(2.8)简化为一对一的匹配问题，即$K$个用户选择$K$个导频。接下来，我们定义一对一匹配问题。

定义：假设有$K$个用户和$K$个导频，我们需要将$K$个导频分配给$K$个用户。分配规则是，为每个用户分配一个导频，且每个导频仅分配给一个用户。第$i$个导频和第$k$个用户之间的每种可能分配都与一个效用$U_{ik}$($U_{ik}$在使用第$i$个导频时可以被视为第$k$个用户的

收益)相关联,如表 2.1 所示。

**表 2.1 导频效用**

| 导频 | 用户 | | | | |
|---|---|---|---|---|---|
| | 1 | 2 | 3 | … | $K$ |
| 1 | $U_{11}$ | $U_{12}$ | $U_{13}$ | … | $U_{1K}$ |
| 2 | $U_{21}$ | $U_{22}$ | $U_{23}$ | … | $U_{2K}$ |
| 3 | $U_{31}$ | $U_{32}$ | $U_{33}$ | … | $U_{3K}$ |
| ⋮ | ⋮ | ⋮ | ⋮ | … | ⋮ |
| $K$ | $U_{K1}$ | $U_{K2}$ | $U_{K3}$ | … | $U_{KK}$ |

然后,匹配问题可表示为以下优化问题:

$$\begin{aligned}&\max_{c_{nm}} \sum_{n=1}^{K}\sum_{m=1}^{K} c_{nm} U_{nm}\\ &\text{s.t. } \sum_{n=1}^{K} c_{nm}=1, \quad \forall n\\ &\sum_{m=1}^{K} c_{nm}=1, \quad \forall m\\ &c_{nm}\in\{0,1\}, \quad \forall n,m\end{aligned} \tag{2.9}$$

其中,$c_{nm}$ 代表二进制分配变量,$c_{nm}=1$ 表示导频 $n$ 被分配给用户 $m$,否则 $c_{nm}=0$。$\sum_{n=1}^{K} c_{nm}=1$ 表示每个导频仅分配给一个用户,$\sum_{m=1}^{K} c_{nm}=1$ 表示每个用户仅分配一个导频。

对于问题(2.9),可以通过经典的匈牙利算法[8]来解决最佳匹配问题,该算法是一种可在多项式时间内解决分配问题的组合优化算法。因此,可以使用类似的方法解决子问题(2.8)。我们重写子问题(2.8):

$$\begin{aligned}&\max_{\boldsymbol{\theta}_m} \sum_{a=1}^{K}\sum_{p=1}^{K} c_{ap} R_m^{ap}(\boldsymbol{\theta}_{-m},\boldsymbol{\theta}_m)\\ &\text{s.t. } R_m^{ap}(\boldsymbol{\theta}_{-m},\boldsymbol{\theta}_m)=\begin{cases}R_m(\boldsymbol{\theta}_{-m},\boldsymbol{\theta}_m)\\ \theta(m,a)=p\end{cases}\\ &\sum_{a=1}^{K} c_{ap}=1, \quad \forall a\\ &\sum_{p=1}^{K} c_{ap}=1, \quad \forall p\\ &c_{ap}\in\{0,1\}, \quad \forall a,p\end{aligned} \tag{2.10}$$

其中,$a$ 和 $p$ 分别表示第 $m$ 个小区中的导频和用户索引值。我们发现子问题(2.10)也是一对一的匹配问题,并且可以通过应用匈牙利算法来获得最佳导频分配。接下来,我们移至下一小区,并使用同样的方法来优化下一个子问题的导频分配。多次迭代后,可以根据下述命题 2.1 获得针对问题(2.6)的全局最优导频分配。为了更清楚地描述我们提出的算法,给出了图 2.2 所示的迭代图。例如,第一步,问题(2.10)中的 $m = 1$,即我们仅在第一个小区优化导频分配,而固定其他小区的导频分配。解决问题(2.10)后,可以得到上行总速率。然后,类似于第一步,我们在第二个小区优化导频分配,如图 2.2 中的第二步。继续该过程,直到上行链路总速率收敛为止。我们在下述算法 2.1 中总结了上述方法。

**命题 2.1**:对于给定的 $L$ 和 $K$,全局最优导频分配在有限次迭代后收敛。

证明:在解决每个子问题(迭代)时,根据匈牙利算法获得导频分配,并且在该优化(迭代)中最大化系统的总速率。因此,问题(2.6)的目标在每次迭代中都会增加,直到收敛为止。

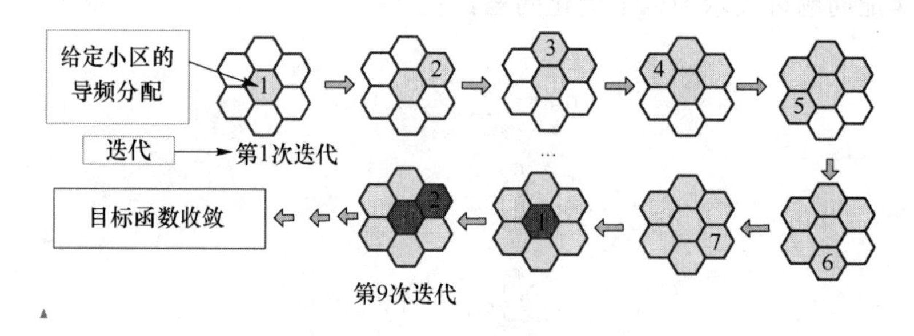


图 2.2　导频迭代图

---

**算法 2.1**:提出的总速率最大化算法

---

1. 初始化小区数量 $l$ ,导频分配 $\boldsymbol{\theta}_{-l}$(假设 $l=1$),容忍度 $\varepsilon$,迭代次数 $t=1$
2. 循环
3. 根据匈牙利算法得到第 $l$ 个小区的最优导频分配 $\boldsymbol{\theta}_l$
4. 得到导频分配结果 $\boldsymbol{\theta}^t$
5. 根据 $R(\boldsymbol{\theta}^t)$计算上行总速率
6. 更新 $t \leftarrow t+1, l \leftarrow l+1$
7. 　　如果 $l > L$,则
8. 　　　　更新 $l \leftarrow 1$
9. 　　结束
10. 若 $R(\boldsymbol{\theta}^{t+1}) - R(\boldsymbol{\theta}^t) < \varepsilon$,结束循环
11. 得到最优导频分配 $\boldsymbol{\theta}^t$

---

### 2.3.3 考虑用户公平性的导频资源优化方案

当仅考虑优化导频分配以最大化系统总速率时，不再考虑小区边缘用户速率（即用户公平性）。如果将相同的导频分配给不同小区的小区边缘用户，则会发生导频污染并且严重恶化该用户的速率。因此，应考虑用户的公平感知导频分配。为此，我们首先构建一个基于用户公平性的导频分配优化问题，即最大化提高用户对数速率总和：

$$\begin{aligned}\max_{\theta}\ & R(\boldsymbol{\theta}) = \sum_{l=1}^{L}\sum_{k=1}^{K}\log((1-\eta)r_{lk}) \\ \text{s.t.}\quad & \theta(l,k)\in\{1,2,\cdots,K\},\quad \forall\, l,k \\ & \theta(l,k)\neq\theta(l,k'),\quad k\neq k'\end{aligned} \tag{2.11}$$

对于问题(2.11)，我们可以使用与问题(2.6)类似的算法来获得相应的导频分配。该算法包括以下四个步骤。

(1) 将问题(2.11)分为 $L$ 个子问题。

(2) 优化一个小区中用户的导频分配，同时固定其他小区中的导频分配。

(3) 移至下一个小区，并执行与步骤(2)相同的优化。

(4) 重复步骤(2)和(3)，直到总对数速率 $\log((1-\eta)r_{lk})$ 收敛。

我们将上述算法称为基于用户公平性算法(UF-A)，而将最初问题所提出的算法 2.1 称为用户总速率算法(SR-M)。由于可以采用与算法 2.1 类似的方法求解上述问题，因此我们省略了对该算法的详细说明。相关结果将直接在仿真分析部分中显示。

## 2.4 仿真分析

在本节中，我们评估所提出的导频分配方案，即系统平均数据传输速率。考虑一个 $L=7$ 的典型六边形蜂窝网络，其中每个 BS 配备有 $M$ 根天线，并且每个小区中有 $K$ 个用户。因此，所提出的算法可以使问题(2.6)中定义的 7 个小区的总速率最大化。假设小区半径 $r_c=500$ m，小区孔半径 $r_h=100$ m。大规模衰落系数根据 $\beta_{ljk}=1/d_{ljk}^{\alpha}$ 捕获路径损耗影响[9]，其中 $d_{ljk}$ 表示第 $j$ 个小区中第 $l$ 个 BS 与第 $k$ 个用户之间的距离，路径损耗指数 $\alpha=3.8$。用户在每个小区中随机分布，对于每条路径中位置随机的单个用户，采用蒙特卡洛方法进行 $10^4$ 次仿真。另外，用式(2.5)计算每个用户的数据速率，而用式(2.7)中的近似用户速率解决问题(2.6)，相关的系统参数汇总在表 2.2 中。

表 2.2 仿真参数

| 参数 | 数值 |
|---|---|
| 小区半径 $r_c$ | 500 m |
| 小区孔半径 $r_h$ | 100 m |
| 用户数量 $K$ | $2 \leqslant K \leqslant 8$ |
| BS 天线数量 $M$ | $10 \leqslant M \leqslant 500$ |
| 小区数量 | 7 |
| 用户传输功率 | 0 dBm |
| 时频相干块尺寸 | 100 symbol |
| 带宽 | 20 MHz |
| 噪声功率 | −174 dBm/Hz |

实际上，类似于文献[10]，还应考虑簇间干扰。图 2.3 展示了具有多个簇的系统模型（不同的颜色代表不同的簇）。由于簇之间没有任何合作，因此簇无法知道相邻簇的重要信息，如用户的位置信息和导频分配信息。因此，应该在没有上述信息的情况下估计外部簇小区的平均干扰功率。为此，我们提出以下近似方案。仅考虑相邻外部簇小区的干扰，因为非相邻外部簇小区的干扰很小。当每个小区估计外部簇小区的平均干扰时，将 BS 的位置视为用户的位置。

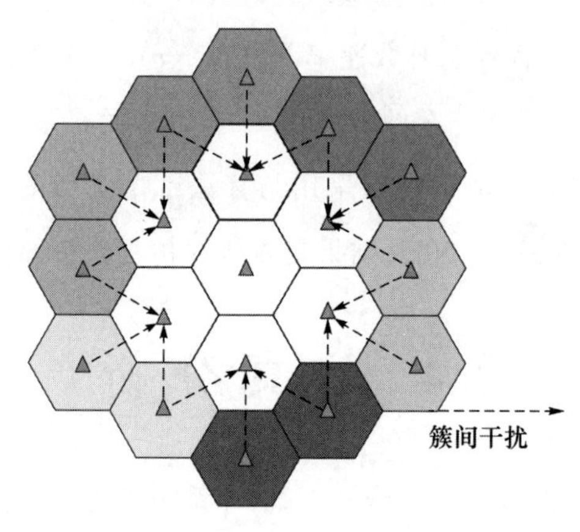


图 2.3 簇间干扰

图 2.4 绘制了当每个小区的用户数为 4 时，使用不同算法时系统平均上行速率与 BS 天线数量的关系。可以明显看出，所有算法的平均上行速率均随着 $M$ 的增加而增加，并且 SR-M 算法与穷举搜索算法的平均上行速率几乎相同。在穷举搜索算法中，从所有的备选方案中选择最佳导频分配以最大化平均上行链路总速率。在随机导频分配算法中，不考虑可实现的上行链路总速率，导频分配随机确定。我们发现，UF-A 算法的平均上行速率低于 SR-M 算法，高于随机分配算法。原因是 UF-A 算法必须牺牲可达到的总速率，以提高用户的公平性。此外，我们还发现与随机导频分配算法相比，SR-M 算法可以将系统性能提高约 17%。

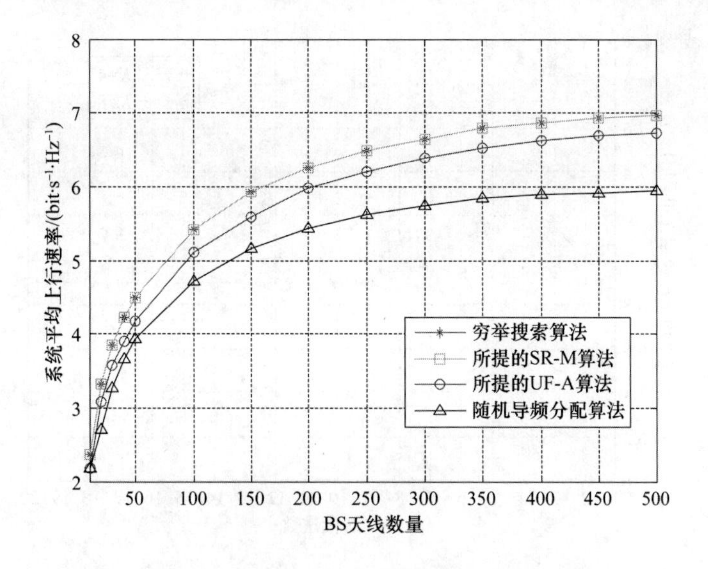


图 2.4　不同 BS 天线数目下的系统平均上行速率

图 2.5 比较了使用不同算法时每个用户的平均上行速率与每个小区中的用户数量之间的关系。我们发现，平均上行速率随 $K$ 的增加而降低。实际上，产生此结果有两个原因。首先，$1-\eta$ 随着 $K$ 的增加而减少，降低了每个用户的上行链路速率。其次，BS 天线的自由度(DoF)随着服务用户数量的增加而降低，导致平均速率下降。BS 天线数量越多会导致速率越高，这一点也容易理解。虽然平均上行速率随着用户数的增加而降低，但上行总速率增加，如图 2.6 所示，我们可以通过提出的低复杂度算法得到平均上行速率。另外，我们可以了解到，当系统为更多用户提供服务时，系统的上行链路总速率将增加，但每个用户的平均上行链路速率将降低，这会降低每个用户的体验。因此，在实践中，需要考虑服务用户数量与每个用户的体验之间的关系权衡。

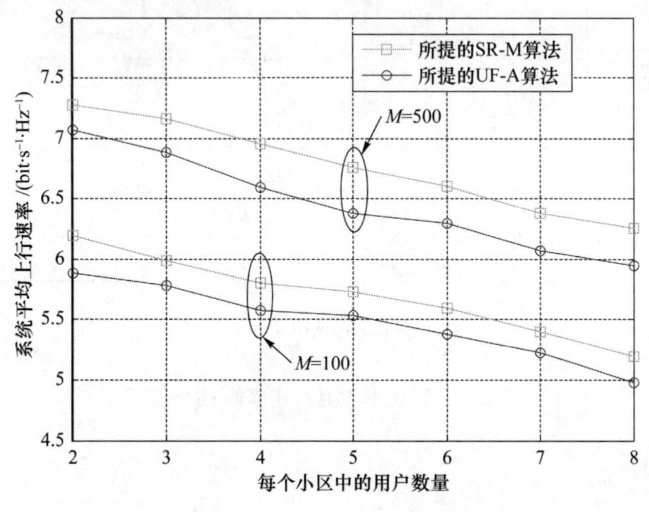


图 2.5　不同用户数量下的系统平均上行速率

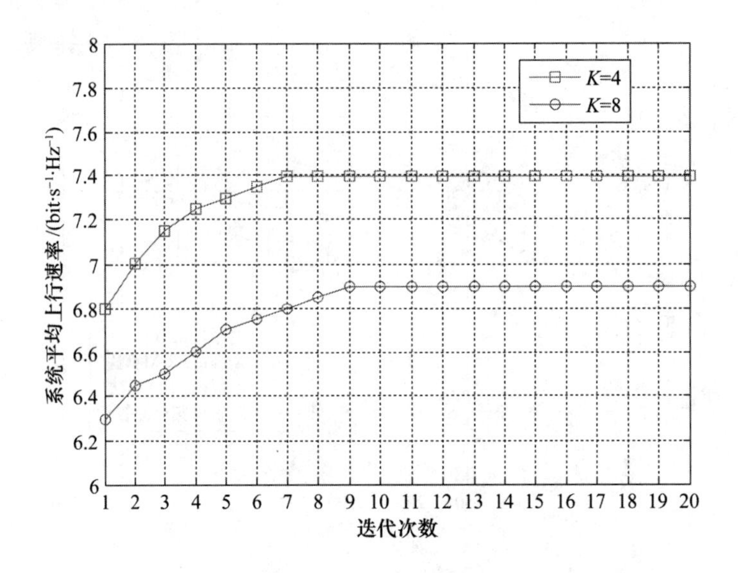


图 2.6　系统平均上行速率随迭代次数的变化趋势

图 2.7 显示了 $K=4$ 和 $M=100$ 时用户上行链路可达到的速率的累积分布函数(CDF)曲线。将我们提出的方案与基于图论的导频分配(GC-PA)[4] 和传统随机导频分配算法[7] 进行比较可以发现,我们提出的 SR-M 算法的上行速率高于 GC-PA 算法的上行速率。同时,可以证明,使用 UF-A 算法的用户速率比使用 SR-M 算法的更加集中,这意味着 UF-A 提高了用户的公平性。此外,与其他算法相比,随机导频分配算法的性能明显最差。

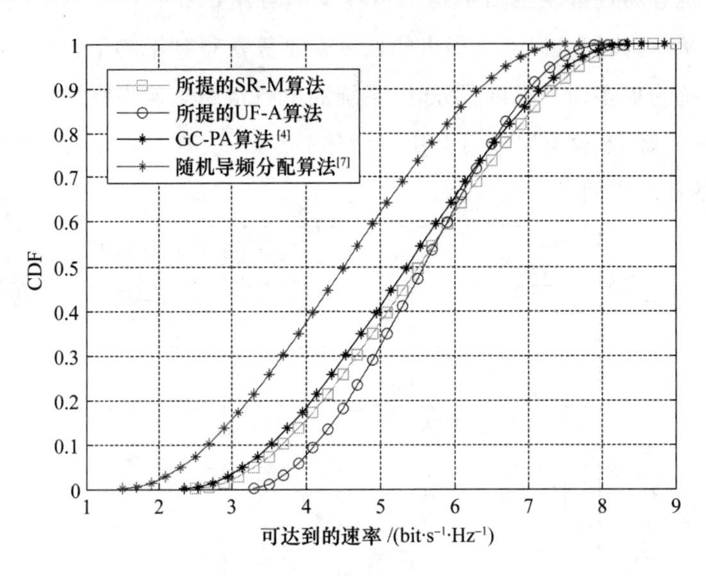


图 2.7　系统平均上行速率的 CDF 曲线

## 本章小结

在本章中,我们提出了一种最佳的导频分配方案,以提高 mMIMO 系统中的上行链路总速率。首先,构建了一个导频分配优化问题,以最大化系统的上行总速率。由于解决最初问题的复杂性较高,因此将提出的问题转化为几个子问题。在每个子问题中,都采用匈牙利算法来获得最优导频分配。通过多次迭代,找到最佳的导频分配。然后,为提高用户的公平性,提出了用户对数速率和的最大化问题,并使用类似的算法来获得相应的导频分配。仿真结果表明,与传统随机导频分配算法相比,SR-M 算法可以将系统性能提高约 17%。

## 本章参考文献


[1] ZHU X D, WANG Z C, DAI L L, et al. Smart pilot assignment for massive MIMO [J]. IEEE Communications Letters, 2015, 19(9): 1644-1647.

[2] BJORNSON E, LARSSON E G, DEBBAH M. Massive MIMO for maximal spectral efficiency: how many users and pilots should be allocated? [J]. IEEE Transactions on Wireless Communications, 2016, 15(2): 1293-1308.

[3] ATZENI I, ARNAU J, DEBBAH M. Fractional pilot reuse in massive MIMO systems[C]. 2015 ICC-2015 IEEE International Conference on Communications Workshops (ICC), London, 2015: 1030-1035.

[4] ZHU X D, DAI L L, WANG Z C. Graph coloring based pilot allocation to mitigate pilot contamination for multi-cell massive MIMO systems[J]. IEEE Communications Letters, 2015, 19(10): 1842-1845.

[5] MOCHAOURAB R, BJRNSON E, BENGTSSON M. Pilot clustering in asymmetric massive MIMO networks[C]. IEEE SPAWC, Stockholm, 2015: 231-235.

[6] KUHN H W. The Hungarian method for the assignment problem[J]. Naval Research Logs, 2010, 52(1-2): 7-21.

[7] MARZETTA T L. Noncooperative cellular wireless with unlimited numbers of base station antennas[J]. IEEE Transactions on Wireless Communications, 2010, 9(11): 3590-3600.

[8] HAHN P M, GRANT T L, HALL N. A branch-and-bound algorithm for the quadratic assignment problem based on the Hungarian method[J]. European Journal of Operational Research, 1998, 108(3): 629-640.

[9] Nguyen T M, Ha V N, Le L B. Resource allocation optimization in multi-user multi-cell massive MIMO networks considering pilot contamination [J]. IEEE Access, 2015, 3: 1272-1287.

[10] SEYAMA T, JITSUKAWA D, KOBAYASHI T, et al. Study of coordinated radio resource scheduling algorithm for 5G ultra high-density distributed antenna systems. IEICE Technical Report of RCS, 2015, 115(472): 181-186.

# 第3章 CR型大规模MIMO异构网络的导频资源分配

## 3.1 引 言

在本章中，我们将研究CR型mMIMO-HetNet的导频资源分配问题。虽然当前已有一些相关工作对上述问题进行了研究，但多数研究都集中在配置常规天线数量的传统CR MIMO系统上。例如，文献[1]考虑了频谱共享网络中MIMO的可达速率和功率效率。为最大化CN的信道估计质量，文献[2]提出一种去导频干扰算法[2]，有效提高了系统信道估计质量。文献[3]提出一种基于互易的CR波束设计方案，以减少从CU到PU的干扰。但是，上述研究均未考虑PN和CN之间的导频资源分配问题。

在基于TDD的mMIMO系统中，由于较短的信道相干时间限制了正交导频的数量，因此导频资源是非常有限的，需要合理地管理和分配。尽管在PN的每个小区中将正交导频用于信道估计，但是由于正交导频有限，必须在相邻小区中重用相同的导频，这将会造成导频污染。类似于PN，要求CN将正交导频分配给CU以进行信道估计。但是，如果CU使用与PU相同的导频或非正交导频，则会在PU和CU之间造成严重的导频污染。因此，在PN和CN之间需要有效的导频共享方案。

在本章中，我们研究mMIMO-CR HetNet的导频资源分配问题。在我们的研究方案中，PN和CN分别被视为出租人和承租人。CN被允许从PN租用一部分可用的正交导频。因此，PN可以通过向CN租赁导频来获取收益。我们假设PN和CN是理性且自私的，它们的目的是在导频交易时最大化各种收益。为保证导频交易的成功，我们提出了一个三方导频交易平台，包括价格控制方(PCS)、PN和CN。具体而言，对于给定的导频租赁价格，PN将向CN租赁最佳导频，以最大化其收益。然后，CN将这些导频分配给某些CU，以最大限度地提高其收益。为了实现上述目的，我们提出一种基于价格的迭代最优导频分配算法，以最大化PN和CN的收益。

# 3.2 系统模型与所提方案

## 3.2.1 系统模型

如图 3.1 所示，考虑一个由 $L$ 个六边形主小区（PC）PN 和单个六边形认知小区（CC）CN 组成的 mMIMO-CR HetNet 网络系统。我们假设 CC 与中央 PC 具有相同的覆盖区域。为方便起见，中央 PC 和 CC 分别表示为第一 PC 和 CC（目标小区）。每个 PC 由配备有 $M$ 根天线和 $K$ 根（$\mathcal{K}=\{1,\cdots,K\}$）单天线 PU 的 PBS 组成（$M\gg K$）。我们假设在每个 PC 中 $K$ 个相同的正交导频序列 $\boldsymbol{\Psi}=\{\boldsymbol{\psi}_1,\cdots,\boldsymbol{\psi}_K\}\in\mathbb{C}^{K\times K}$ 唯一地分配给 $K$ 个 PU，其中 $\boldsymbol{\Psi}\boldsymbol{\Psi}^{\mathrm{H}}=\boldsymbol{I}_{\mathrm{M}}$，并且 CU 没有分配导频。$\boldsymbol{\psi}_{\theta(l,k)}$（$\theta(l,k)\in\{1,\cdots,K\}$）表示在第 $l$ 个 PC 中，第 $\theta(l,k)$ 个导频被第 $k$ 个 PU 使用，其中当 $k\neq k'$ 时，$\theta(l,k)\neq\theta(l,k')$。第 1 个 PC 中第 $k$ 个 PU 的上行链路速率可表示为

$$r_{1,k}^{\mathrm{p}}=\log_2(1+\mathrm{SINR}_{1,k}^{\mathrm{p}}) \tag{3.1}$$

其中，当 $M\to\infty$ 时，$\mathrm{SINR}_{1,k}^{\mathrm{p}}\approx\dfrac{(\beta_{11k}^{\mathrm{p}})^2}{\sum\limits_{l\neq1}^{L}\sum\limits_{i=1}^{K}f(\theta(l,i),\theta(1,k))(\beta_{1li}^{\mathrm{p}})^2}$，$\beta_{1li}^{\mathrm{p}}$ 表示第 1 个 PC 中的 PBS 和第 $l$ 个 PC 中第 $i$ 个 PU 之间的大规模衰落系数（LFC）。$\beta_{1li}^{\mathrm{p}}=1/(d_{1li}^{\mathrm{p}})^{\alpha}$，其中 $d_{1li}^{\mathrm{p}}$ 表示第 1 个 PC 中的 PBS 与第 $l$ 个 PC 中第 $i$ 个 PU 之间的距离，$\alpha$ 是路径损耗指数。$\sum\limits_{j\neq l}\sum\limits_{i=1}^{K}f(\theta(j,i),\theta(1,k))(\beta_{1ji}^{\mathrm{p}})^2$ 表示由相邻小区中的导频复用造成的导频污染，当 $\theta(j,i)=\theta(l,k)$ 时，$f(\theta(j,i),\theta(l,k))=1$，否则 $f(\theta(j,i),\theta(l,k))=0$。

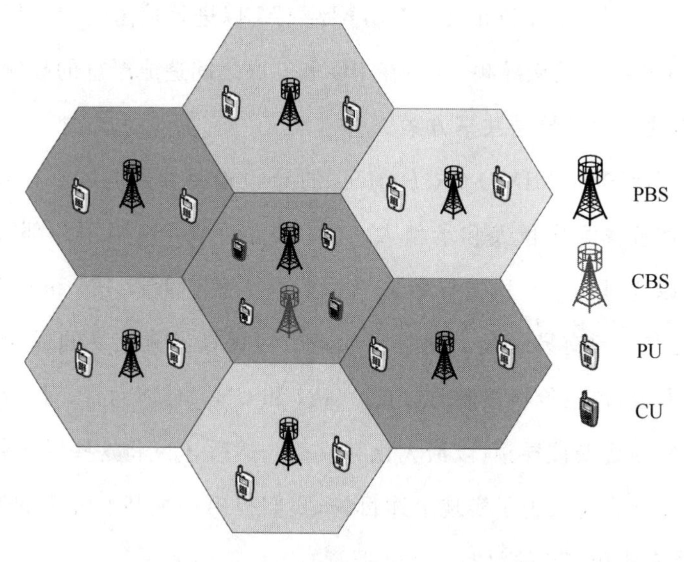


图 3.1 mMIMO-CR HetNet 系统

在 CC 中，有一个 $M$ 根天线的 CBS 和 $K$ 个单天线 CU。类似的，CC 中第 $k$ 个 CU 的上行速率可以表示为

$$r_{1,k}^{\mathrm{s}}=\log_2(1+\mathrm{SINR}_{1,k}^{\mathrm{s}}) \tag{3.2}$$

其中，当 $M\to\infty$ 时，$\mathrm{SINR}_{1,k}^{\mathrm{s}}\approx\frac{(\beta_{11k}^{\mathrm{s}})^2}{\sum_{l\neq1}^{L}\sum_{i=1}^{K}f(\theta(l,i),\theta(1,k))(\beta_{1li}^{\mathrm{s}})^2}$，$\beta_{11i}^{\mathrm{s}}$ 表示 CBS 和 CC 中的第 $i$ 个 CU 之间的 LFC，而 $\beta_{1li}^{\mathrm{s}}$ 表示第 1 个 PC 中的 CBS 和第 $l$ 个 PC 中第 $i$ 个 PU 之间的 LFC。

CN 可以从 PN 租用导频进行信道估计。PN 可以从 CN 获得一些收益（即租赁费）。我们假设 PN 和 CN 是理性且自私的。对于给定的导频租赁价格，PN 总是将最佳的导频租赁给 CN，以最大化其收益，而 CN 则始终将这些导频最优分配给 CU，以最大限度地增加其自身的收益。

因为我们假定 CC 与第一 PC 具有相同的覆盖区域，所以 CN 从第一 PC 租用导频。因此，PN 的收益可以表示如下：

$$\max_{\boldsymbol{\Psi}_{\mathrm{S}},\mathcal{K}_{\mathrm{P}}}\underbrace{m\left|\boldsymbol{\Psi}_{\mathrm{S}}\right|}_{\substack{\text{从PN到CN的}\\\text{导频租赁价格}}}-\underbrace{n\sum_{i\in\mathcal{K}_{\mathrm{P}},\boldsymbol{\Psi}_{\theta(1,i)}\in\boldsymbol{\Psi}_{\mathrm{S}}}r_{1,i}^{\mathrm{p}}}_{\text{损失效用(PU速率)}} \tag{3.3a}$$

$$=\max_{\boldsymbol{\Psi}_{\mathrm{S}},m}m\left|\boldsymbol{\Psi}_{\mathrm{S}}\right|-\min_{\boldsymbol{\Psi}_{\mathrm{S}},\mathcal{K}_{\mathrm{P}}}n\sum_{\substack{i\in\mathcal{K}_{\mathrm{P}}\\\boldsymbol{\Psi}_{\theta(1,i)}\in\boldsymbol{\Psi}_{\mathrm{S}}}}r_{1,i}^{\mathrm{p}} \tag{3.3b}$$

其中，$m$ 是每个导频的租赁价格，$n$ 表示 PN 每单位速率的价格，该价格由 PN 决定。$\boldsymbol{\Psi}_{\mathrm{S}}$（$\boldsymbol{\Psi}_{\mathrm{S}}\subset\boldsymbol{\Psi}$）和 $|\boldsymbol{\Psi}_{\mathrm{S}}|$ 分别表示在 CN 处设置的租用导频和集合 $\boldsymbol{\Psi}_{\mathrm{S}}$ 中的编号。$\mathcal{K}_{\mathrm{P}}$（$\mathcal{K}_{\mathrm{P}}\subset\mathcal{K}$）表示在租用导频之前，分配给第一个 PC 中 PU 的导频。在式(3.3a)中，第一项表示由于租赁导频而获得的收益，第二项表示因为那些 PU 不与 PBS 连接而损失的效用。从式(3.3b)可以看出，对于给定的 $m$，第一项是随 $|\boldsymbol{\Psi}_{\mathrm{S}}|$ 增大的线性函数，第二项是随 $|\boldsymbol{\Psi}_{\mathrm{S}}|$ 增长更快的函数。因此，对于给定的导频租赁价格，第一个 PC 可以找到 CN 的最佳导频，使其收益最大化。由于第二项和 $m$ 之间没有关系，因此式(3.3b)是 $m$ 的单调非递减函数。该分析假设用户在每个小区中随机分布。

在 CN 中，对于给定的导频价格 $m$ 和导频 $\boldsymbol{\Psi}_{\mathrm{S}}$，总收益可以表示为

$$\max_{\mathcal{K}_{\mathrm{S}}}\underbrace{c\sum_{\substack{i\in\mathcal{K}_{\mathrm{S}}\\\boldsymbol{\Psi}_{\theta(1,i)}\in\boldsymbol{\Psi}_{\mathrm{S}}}}r_{1,i}^{\mathrm{s}}}_{\text{获得的效用(CU速率)}}-\underbrace{m\left|\boldsymbol{\Psi}_{\mathrm{S}}\right|}_{\substack{\text{从PN到CN的}\\\text{导频租赁费用}}} \tag{3.4a}$$

$$\stackrel{\Delta}{=}\max_{\mathcal{K}_{\mathrm{S}}}c\sum_{\substack{i\in\mathcal{K}_{\mathrm{S}}\\\boldsymbol{\Psi}_{\theta(1,i)}\in\boldsymbol{\Psi}_{\mathrm{S}}}}\frac{(\beta_{11i}^{\mathrm{s}})^2}{\sum_{j\neq1}\sum_{m=1}^{K}f(\theta(j,m),\theta(1,i))(\beta_{1jm}^{\mathrm{s}})^2} \tag{3.4b}$$

其中，$c$ 表示由 CN 决定的每单位速率价格，而 $\mathcal{K}_{\mathrm{S}}$（$\mathcal{K}_{\mathrm{S}}\subset\mathcal{K}$）是一组 CU 分配的导频。在

式(3.4a)中,第一项表示由于从第一个 PC 租用导频而获得的效用。为了获得更多收益,CN 将以最佳方式将这些导频分配给某些 CU。由于式(3.4a)中的第二项为常数,因此我们只需要最大化式(3.4b)。式(3.4b)是一个最优匹配问题,并且匹配规则是将一个导频分配给一个 CU,不同的用户不分配相同的导频。为了使 CU 的总 SINR 最大化,可采用著名的匈牙利算法来解决式(3.4b)。

为了保证第一个 PC 的服务质量,必须限制 CN 中可用导频的数量。我们将提供的主要用户比率(PUR)定义为服务中的 PU 数量,按照第一个 PC 中所有 PU 的数量进行标准化。我们还将所需的最小 PUR 定义为 $p$,表示为

$$|\boldsymbol{\Psi}_{\mathrm{S}}| \leqslant (1-p)K \tag{3.5}$$

其中,$(1-p)K$ 表示租用给 CN 的最大正交导频数。

## 3.2.2 所提方案

为了确保导频交易成功,我们提出了一个三方导频交易平台,包括 PCS、PN 和 CN,其中 PCS 负责 PN 和 CN 之间的导频交易,而 PN 只根据 PCS 给定的 $m$ 来选择集合 $\boldsymbol{\Psi}_{\mathrm{S}}$。具有激励机制的导频交易机制的解释如下:根据式(3.3)和式(3.4),如果 $m$ 减小,则 PN 的收益趋于减少,而 CN 的收益趋于增加。因此,通过减小 $m$ 可以鼓励从 PN 到 CN 的导频交易。PN 和 CN 可以分别知道自己用户的 LFC。这里,CN 的收益不能为负,并且导频交易将在满足以下条件之一时完成:①式(3.5)变为紧约束;②CN 的收益变为 0。基于以上分析,用于最大化 PN 和 CN 利润,基于价格的迭代最优导频分配算法可以描述如下。

(1) PCS 为 PN 提供导频租赁价格 $m$ 和用户的 CSI,然后 PN 根据式(3.3b)计算最佳导频集合 $\boldsymbol{\Psi}_{\mathrm{S}}$,并将 $\boldsymbol{\Psi}_{\mathrm{S}}$ 和 $\mathcal{K}_{\mathrm{S}}$ 发送回 PCS。

(2) 如果 PCS 发现 PUR,即式(3.5)未被满足,它将降低导频租赁价格并重复(1),直到满足 PUR。然后,PCS 为 CN 提供导频租赁价格、$\boldsymbol{\Psi}_{\mathrm{S}}$ 和用户的 CSI,CN 根据式(3.3b)计算最佳导频分配。

(3) 如果 CN 发现其收益为负,则不会租用这些导频,并将此信息反馈给 PCS。然后,PCS 将降低价格并重复(1)和(2),直到 CN 的收益变为非负。如果 CN 发现其收益为 0,交易完成。否则,CN 会将导频分配结果发送给 PCS。

(4) 当 PCS 发现约束式(3.5)松弛时,它将提高价格并重复(1)～(4),直到导频租赁价格收敛为止。所提算法的流程如图 3.2 所示,PCS、PN 和 CN 之间的关系如图 3.3 所示。

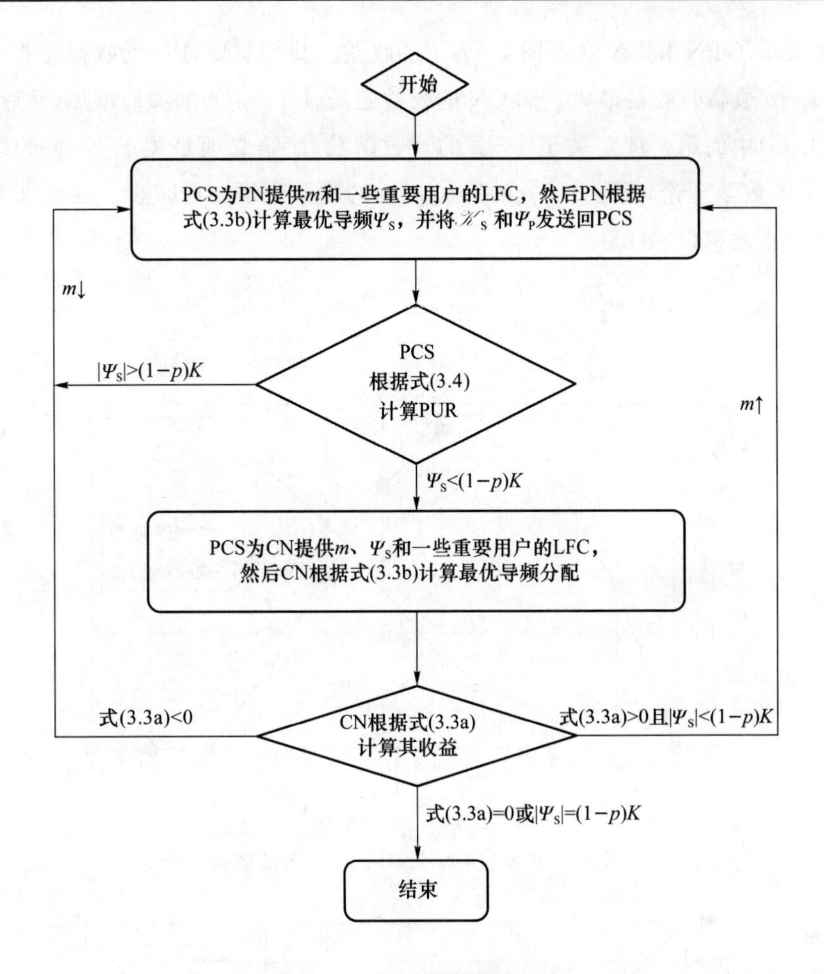


图 3.2 导频分配算法流程图

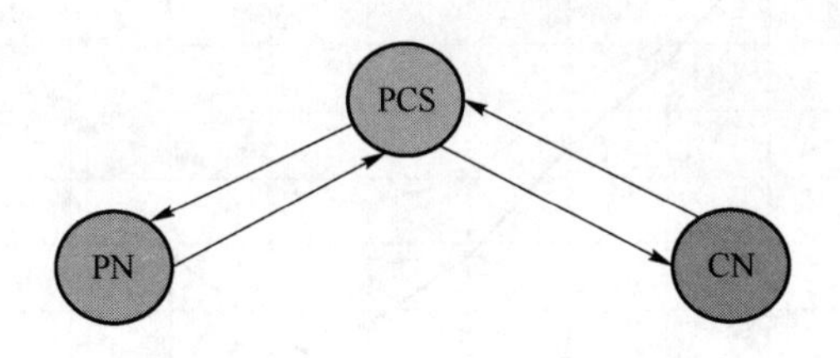


图 3.3 PCS、PN 和 CN 之间的关系图

# 3.3 仿真结果与讨论

我们考虑一个具有 7 个 PC 和 1 个 CC 的典型六边形蜂窝网络(如图 3.1 所示)，每个 BS 配备 $M$ 根天线($M$ 趋于无限大)[2]。假设每个 PC 中有 100 个 PU，CC 中有 100 个 CU，并且所有用户在每个小区中随机分布。正交导频的数量为 100。小区半径为 $r_c=500$ m，小区孔半径为 $r_h=10$ m。假设 $n=1$，$c=1$，$\alpha=3.8$。

图 3.4 展示了 PN 和 CN 在不同 $1-p$ 下的收益。我们发现，PN 的收益随着 $1-p$ 的增加而增加，$1-p$ 最高时收益最大。而 CN 的收益先随着 $1-p$ 的增加而增加，然后减少。这是因为式(3.4a)中的第一项是关于 $1-p$ 的对数函数，而第二项是关于 $1-p$ 的线性函数。因此，根据基本数学理论，随着 $1-p$ 的增加，CN 的收益先增加后减少。在图 3.5 中，我们定义归一化干扰功率(NIP)为

$$\mathrm{NIP}=\frac{I_{\mathrm{after}}}{I_{\mathrm{before}}}=\frac{I_{\mathrm{after,PU}}+I_{\mathrm{after,CU}}}{I_{\mathrm{before}}}=\underbrace{\frac{I_{\mathrm{after,PU}}}{I_{\mathrm{before}}}}_{\mathrm{NIP\_PU}}+\underbrace{\frac{I_{\mathrm{after,CU}}}{I_{\mathrm{before}}}}_{\mathrm{NIP\_CU}} \tag{3.6}$$

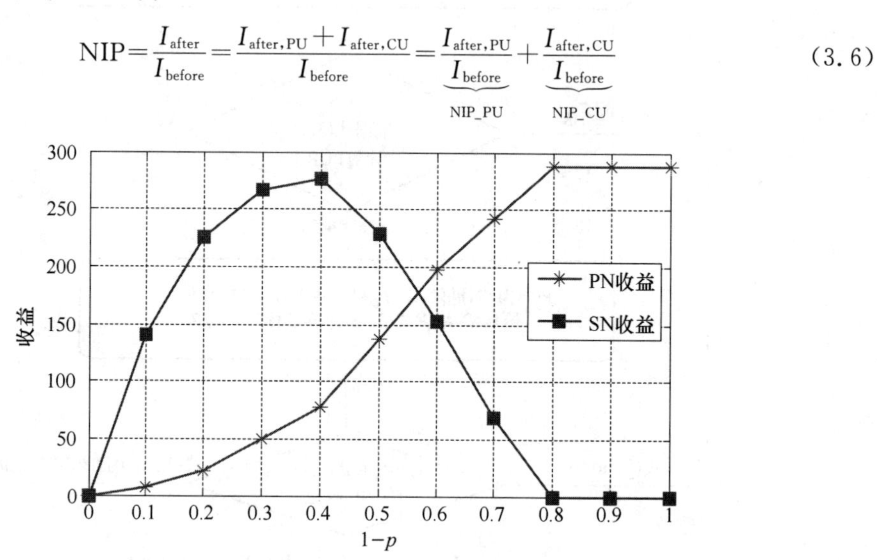


图 3.4　PN 和 CN 在不同 $1-p$ 下的收益

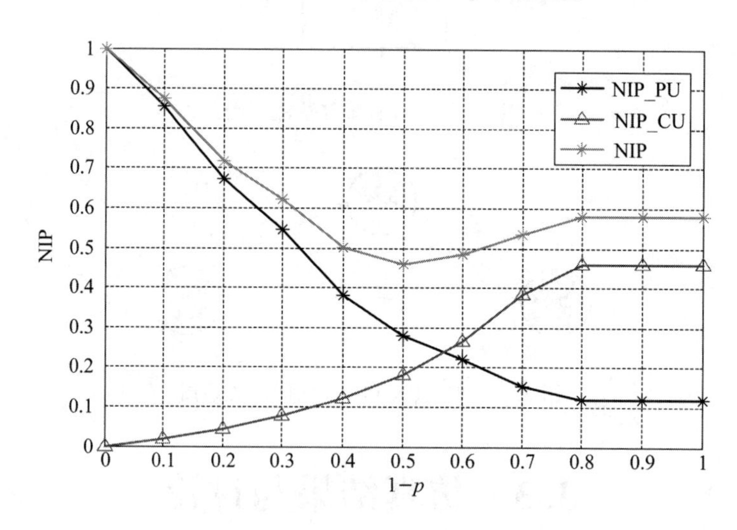


图 3.5　不同 $1-p$ 下的 NIP

其中，$I_{\mathrm{after}}$ 和 $I_{\mathrm{before}}$ 分别表示租赁后和租赁前从 PU 和 CU 到相邻 PBS 的总干扰功率。$I_{\mathrm{after,PU}}$ 和 $I_{\mathrm{after,CU}}$ 分别表示 PU 到相邻 PBS 的干扰功率和 CU 到相邻 PBS 的干扰功率。随着 CN 租用导频数的增加，NIP_PU 减少，而 NIP_CU 增加。因此，NIP 先减小然后增加，对于给定的 $1-p=0.5$，可以观察到 NIP 的最优值。随着 $1-p$ 的增加，更多的导频将租给 CN，

更少的 PU 可以连接到 PBS，导致 NIP_PU 的减少。相反，随着 $1-p$ 的增加，将为更多的 CU 分配导频并将其连接到 CBS，造成 NIP_CU 的增加。注意，当 $1-p>0.8$ 时，NIP_PU、NIP_CU 和 NIP 保持恒定，这是因为 $1-p>0.8$ 时并没有导频交易。

此外，相较于导频租赁后，中心小区对相邻小区的总干扰更小。这是因为 PN 将具有严重导频干扰的那些导频租给 CN，而 CN 会将那些导频分配给具有最小导频干扰的 CU，这导致导频交易后总干扰的减少。图 3.6 给出了当 $p=0.8$ 时，每次迭代的导频租赁价格收敛情况。

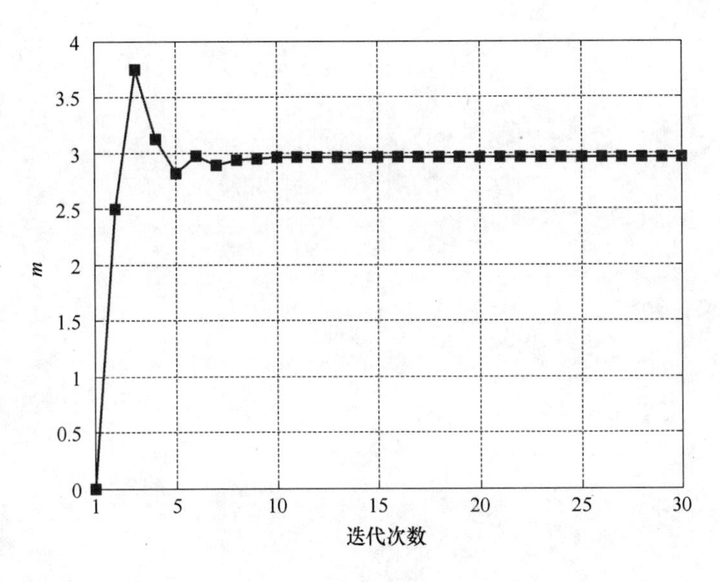


图 3.6 价格迭代

# 本章小结

在本章中，我们研究了 mMIMO-CR HetNet 的导频资源分配问题。允许 CN 从 PN 租用正交导频用于其信道估计，一定程度上减少了 PN 中可用导频的数量。所提出的系统模型和算法实现了 PN 和 CN 的双赢，例如，PUR = 0.7 时，PN 和 CN 的收益分别为 50 和 270。尽管 PN 减少了其导频的使用，但可以允许 CU 与 PU 共享正交导频，而且减少了对相邻小区的总干扰。

# 本章参考文献

[1] MITRA S, GARDNER D, ALOUINI M S. A unified framework for the ergodic capacity of spectrum sharing cognitive radio systems[J]. IEEE Transactions on Wireless Communications, 2013, 12(2):877-887.

[2] FILIPPOU M, MILTIADES, GESBERT D, et al. Decontaminating pilots in cognitive massive MIMO networks[C]. International Symposium on Wireless Communication Systems. IEEE, 2011:816-820.

[3] KOUASSI B, GHAURI I, DENEIRE L. Reciprocity-based cognitive transmissions using a MU massive MIMO approach[C]. IEEE International Conference on Communications. IEEE, 2013:2738-2742.

# 第4章 CR型大规模MIMO异构网络的功率分配

## 4.1 引 言

第3章提出一种用于mMIMO-CR HetNet的导频分配方案，考虑BS配置超大规模天线及常量发射功率，本章将考虑BS处有限天线数量条件下的功率分配问题。在传统MIMO-CR网络中[1-4]，PU的干扰是由CU的数据传输引起的。但是，对于mMIMO-CR网络，PU的干扰也会受到导频传输的影响。文献[5]通过设置峰值干扰并研究大规模PBS天线对mMIMO CN的影响来确保mMIMO-CR网络中PU的QoS，但并未考虑导频污染。文献[6]提出一种用于mMIMO-CR网络的导频分配方案以最大化CU的信道估计质量，同时最小化对PN信道估计的影响。文献[7]提出一种基于互易的mMIMO-CR波束成形方案，以减少从CU到PU的干扰。为减少导频污染和训练开销，文献[8]提出一种用于mMIMO-CR的网络空间频谱共享方案以减少训练开销，且采用一种有效的二维离散傅里叶变换辅助到达方向和角分布估计。然而，文献[6-8]未考虑CN的功率分配。高效的功率分配方案可以消除(或显著降低)对PN的有害干扰，同时最大化CN的性能。文献[9]研究了导频和功率分配问题，最大限度地提高多小区mMIMO网络的能效，但未考虑CR网络。

本章研究考虑导频污染的mMIMO-CR HetNet的功率分配问题。与传统方法不同，本章引入PU所需的信噪比(SINR)以进一步改善CN的性能。在基于TDD的mMIMO-CR HetNet中提出了正交导频共享方案，如果允许CU访问授权频谱，则CU总是与PU共享整个频谱。由于正交导频被优先分配给PU，因此仅当存在未使用的正交导频时，才允许CU访问主频谱。而后，这些CU将获得的正交导频用于导频传输阶段的信道估计。

## 4.2 系统模型

考虑一个下行mMIMO-CR HetNet通信系统，该系统由一个多小区多用户mMIMO-PN和一个单小区多用户mMIMO-CN组成，如图4.1所示。假设PN中有$L$个小区，每个

小区由一个 $M_{\mathrm{P}}$ 根天线的 PBS 和 $K_{\mathrm{P}}$ 个单天线的 PU 组成。CN 包含一个 $M_{\mathrm{S}}$ 根天线的 CBS 和 $K_{\mathrm{S}}$ 个单天线的 CU，所有 PBS 或 CBS 均以相同的时频资源为其用户服务。位于中央 PC 中的 CU 与 PU 共享资源。理论上讲，单小区 CN 可以具有与中央 PC 相似的覆盖区域（即 CBS 与中央 PBS 位置相近）。PN 的中心小区标记为第一小区。为了避免严重的导频干扰，每个小区中的所有 PU 使用正交导频 $\boldsymbol{\Psi}=(\boldsymbol{\psi}_1,\boldsymbol{\psi}_2,\cdots,\boldsymbol{\psi}_{K_{\mathrm{P}}})^{\mathrm{T}}\in\mathscr{C}^{K_{\mathrm{P}}\times K_{\mathrm{P}}}$，其中 $\boldsymbol{\psi}_i^{\dagger}\boldsymbol{\psi}_i=\rho$，$\rho$ 是导频信号功率。将第 $i$ 个导频分配给第 $i$ 个 PU 用于每个小区中的信道估计，相同的正交导频序列在相邻小区中被重用。当第一小区中有 $K_{\mathrm{T}}(K_{\mathrm{S}}\geqslant K_{\mathrm{T}})$ 个 PU 处于静止时，第一小区中的 PU 使用导频 $\{1,\cdots,K_{\mathrm{P}}-K_{\mathrm{T}}\}$，而 CU 可以使用剩余导频 $\{K_{\mathrm{P}}-K_{\mathrm{T}}+1,K_{\mathrm{P}}-K_{\mathrm{T}}+2,\cdots,K_{\mathrm{P}}\}$。类似的，假设第一小区中的第 $K_{\mathrm{P}}-K_{\mathrm{T}}+n$ 个导频被分配给第 $K_{\mathrm{P}}-K_{\mathrm{T}}+n$ 个 CU($n=\{1,2,\cdots,K_{\mathrm{T}}\}$)。

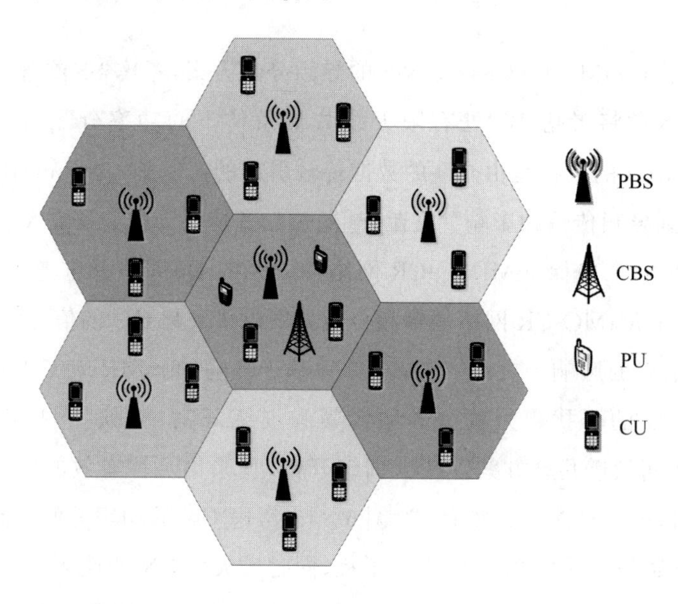


图 4.1　mMIMO-CR HetNet 系统模型

研究采用以下假设：

- PBS 和 CBS 之间存在高速回程链路，用于反馈信道状态信息和用户的位置信息[10-12]；
- PN 和 CN 之间的理想同步是通过回程链路[10-12]实现的；
- PBS 通过回程链路[10-12]管理系统定期与 CBS 共享可用的主要导频信息；
- 与 PBS 相比，CBS 的部署较少。因此，可以忽略 CBS 之间的干扰。

## 4.2.1　上行训练传输

在上行训练阶段，CBS 接收到信号矩阵 $\boldsymbol{Y}_1^{\mathrm{S}}\in\mathbb{C}^{M_{\mathrm{S}}\times K_{\mathrm{P}}}$，表示为

$$\boldsymbol{Y}_1^{\mathrm{S}}=\sum_{j=2}^{L}\sum_{k=1}^{K_{\mathrm{P}}}\sqrt{\beta_{1jk}^{\mathrm{PS}}}\boldsymbol{h}_{1jk}^{\mathrm{PS}}\boldsymbol{\psi}_k^{\mathrm{T}}+\sum_{m=1}^{K_{\mathrm{P}}-K_{\mathrm{T}}}\sqrt{\beta_{11m}^{\mathrm{PS}}}\boldsymbol{h}_{11m}^{\mathrm{PS}}\boldsymbol{\psi}_m^{\mathrm{T}}+\sum_{n=K_{\mathrm{P}}-K_{\mathrm{T}}+1}^{K_{\mathrm{P}}}\sqrt{\beta_{11n}^{\mathrm{SS}}}\boldsymbol{h}_{11n}^{\mathrm{SS}}\boldsymbol{\psi}_n^{\mathrm{T}}+\boldsymbol{V}_1 \quad (4.1)$$

其中，$\beta_{1jk}^{\mathrm{PS}}$和$\boldsymbol{h}_{1jk}^{\mathrm{PS}}$分别表示第一小区中的CBS与第$j$个小区中第$k$个PU之间的信道大规模衰落系数和$M_{\mathrm{S}}\times 1$小规模衰落向量。$\beta_{11k}^{\mathrm{SS}}$和$\boldsymbol{h}_{11k}^{\mathrm{SS}}$分别表示第一小区中的CBS与第$k$个CU之间的信道大规模衰落信道系数和$M_{\mathrm{S}}\times 1$小规模衰落向量。$\boldsymbol{V}_1\in\mathbb{C}^{M_{\mathrm{S}}\times K_{\mathrm{P}}}$是CBS的高斯白噪声，其元素服从$\mathcal{CN}(0,\sigma^2)$分布。我们假设每个衰落向量$\boldsymbol{h}_{ijk}^{*}\in\mathcal{CN}(0,I_{M_{\mathrm{S}}})$[13]，其中$*\in\{\mathrm{SS},\mathrm{PS}\}$。假设捕获路径损耗效应的大规模衰落系数为$\beta_{1jk}^{*}=1/d_{1jk}^{\alpha}$[13]，$d_{1jk}$表示CBS与第$j$个小区中第$k$个PU(CU)之间的距离，$\alpha$为路径损耗指数。

信道$\boldsymbol{h}_{11n}^{\mathrm{SS}}$的最小均方误差(MMSE)估计可以表示为[13]

$$\hat{\boldsymbol{h}}_{11n}^{\mathrm{SS}}=\sqrt{\beta_{11n}^{\mathrm{SS}}}\boldsymbol{Q}_{1n}\boldsymbol{Y}_1^{\mathrm{S}}\boldsymbol{\psi}_n \quad (4.2)$$

其中，$\boldsymbol{Q}_{1n}=\left(\sigma^2\boldsymbol{I}_{M_{\mathrm{S}}}+\rho\boldsymbol{I}_{M_{\mathrm{S}}}\left(\sum_{j=2}^{L}\beta_{1jn}^{\mathrm{PS}}+\beta_{11n}^{\mathrm{SS}}\right)\right)^{-1}$，信道估计可表示为

$$\hat{\boldsymbol{h}}_{11n}^{\mathrm{SS}}=\boldsymbol{h}_{11n}^{\mathrm{SS}}-\tilde{\boldsymbol{h}}_{11n}^{\mathrm{SS}} \quad (4.3)$$

其中，$\tilde{\boldsymbol{h}}_{11n}^{\mathrm{SS}}$是误差项，从式(4.2)中容易观察到$\hat{\boldsymbol{h}}_{11n}^{\mathrm{SS}}$服从$\mathcal{CN}(\boldsymbol{0},\boldsymbol{\Theta}_{11n})$。由于$\tilde{\boldsymbol{h}}_{11n}^{\mathrm{SS}}$独立于$\hat{\boldsymbol{h}}_{11n}^{\mathrm{SS}}$，因此$\tilde{\boldsymbol{h}}_{11n}^{\mathrm{SS}}$服从$\mathcal{CN}(\boldsymbol{0},\boldsymbol{I}_{M_{\mathrm{S}}}-\boldsymbol{\Theta}_{11n})$，其中

$$\boldsymbol{\Theta}_{11n}=\rho\beta_{11n}^{\mathrm{SS}}\boldsymbol{Q}_{1n}=\frac{\rho\beta_{11n}^{\mathrm{SS}}}{\left(\sigma^2\boldsymbol{I}_{M_{\mathrm{S}}}+\rho\boldsymbol{I}_{M_{\mathrm{S}}}\left(\sum_{j=2}^{L}\beta_{1jn}^{\mathrm{PS}}+\beta_{11n}^{\mathrm{SS}}\right)\right)} \quad (4.4)$$

### 4.2.2 下行数据传输

在下行数据传输阶段，第一小区中第$n$个CU的接收信号可以写为

$$y_{1n}^{\mathrm{S}}=\sum_{i=K_{\mathrm{P}}-K_{\mathrm{T}}+1}^{K_{\mathrm{P}}}\sqrt{\beta_{11n}^{\mathrm{SS}}P_{1i}}\boldsymbol{h}_{11n}^{\mathrm{SS}\dagger}\boldsymbol{w}_{11i}^{\mathrm{SS}}x'_{1i}+\sum_{m=1}^{K_{\mathrm{P}}-K_{\mathrm{T}}}\sqrt{\beta_{11n}^{\mathrm{SP}}p_{\mathrm{t}}}\boldsymbol{h}_{11n}^{\mathrm{SP}\dagger}\boldsymbol{w}_{11m}^{\mathrm{PP}}x_{1m}+\sum_{j=2}^{L}\sum_{k=1}^{K_{\mathrm{P}}}\sqrt{\beta_{j1n}^{\mathrm{SP}}p_{\mathrm{t}}}\boldsymbol{h}_{j1n}^{\mathrm{SP}\dagger}\boldsymbol{w}_{jjk}^{\mathrm{PP}}x_{jk}+v_{1n} \quad (4.5)$$

其中，$\beta_{j1n}^{\mathrm{SP}}$和$\boldsymbol{h}_{j1n}^{\mathrm{SP}}$分别表示第$j$个小区中的PBS与第一小区中第$n$个CU之间信道的大规模衰落系数和$M_{\mathrm{P}}\times 1$小规模衰落向量。$\boldsymbol{w}_{11i}^{\mathrm{SS}}$和$\boldsymbol{w}_{11m}^{\mathrm{PP}}$分别表示CU和PU的预编码。假设每个PU的发射功率相同，并用$p_{\mathrm{t}}$表示，其中$P_{1i}$是第一小区中第$i$个CU的发射功率。$x_{jk}$和$x'_{1i}$分别表示PU和CU的数据符号，其单位平均功率，即$\mathbb{E}\{|x_{jk}|^2\}=1$和$\mathbb{E}\{|x'_{1i}|^2\}=1$，$v_{1i}$是第一小区中第$i$个CU接收到的高斯白噪声。

当BS的天线数量接近无穷大时，MF或ZF检测器的性能接近最优。由于ZF检测器的高复杂度(高维信道矩阵求逆[14])和MF检测器的可跟踪性，本书仅考虑MF检测器，则有$\boldsymbol{w}_{11i}^{\mathrm{SS}}=\hat{\boldsymbol{h}}_{11i}^{\mathrm{SS}}/\|\hat{\boldsymbol{h}}_{11i}^{\mathrm{SS}}\|$和$\boldsymbol{w}_{jjk}^{\mathrm{PP}}=\hat{\boldsymbol{h}}_{jjk}^{\mathrm{PP}}/\|\hat{\boldsymbol{h}}_{jjk}^{\mathrm{PP}}\|$，其中$\hat{\boldsymbol{h}}_{jjk}^{\mathrm{PP}}$是$\boldsymbol{h}_{jjk}^{\mathrm{PP}}$的MMSE估计。

重写式(4.5)如下：

$$y_{1n}^{\mathrm{S}} = \underbrace{\sqrt{\beta_{11n}^{\mathrm{SS}} P_{1n}} \boldsymbol{h}_{11n}^{\mathrm{SS}\dagger} \boldsymbol{w}_{11n}^{\mathrm{SS}} x'_{1n}}_{\text{期望信号}} + \underbrace{\sum_{\substack{i=K_{\mathrm{P}}-K_{\mathrm{T}}+i \\ i \neq n}}^{K_{\mathrm{P}}} \sqrt{\beta_{11n}^{\mathrm{SS}} P_{1i}} \boldsymbol{h}_{11n}^{\mathrm{SS}\dagger} \boldsymbol{w}_{11i}^{\mathrm{SS}} x'_{1i}}_{\text{CN的小区内干扰}} +$$

$$\underbrace{\sum_{m=1}^{K_{\mathrm{P}}-K_{\mathrm{T}}} \sqrt{\beta_{11n}^{\mathrm{SP}} p_{\mathrm{t}}} \boldsymbol{h}_{11n}^{\mathrm{SP}\dagger} \boldsymbol{w}_{11m}^{\mathrm{PP}} x_{1m}}_{\text{PN的小区内干扰}} + \underbrace{\sum_{j=2}^{L} \sum_{k=1}^{K_{\mathrm{P}}} \sqrt{\beta_{j1n}^{\mathrm{SP}} p_{\mathrm{t}}} \boldsymbol{h}_{j1n}^{\mathrm{SP}\dagger} \boldsymbol{w}_{jjk}^{\mathrm{PP}} x_{jk}}_{\text{小区间干扰}} + \underbrace{v_{1n}}_{\text{噪声}} \tag{4.6}$$

从式(4.6)中可以发现，CU 的干扰包括三个方面：第一个方面是 CU 间的干扰；第二个方面来自与 CBS 同一小区的 PBS；第三个方面来自相邻小区的 PBS。

第一小区中第 $n$ 个 CU 的遍历下行速率如下：

$$R_{1n} = \log_2 \left(1 + \frac{P_{1n} \beta_{11n}^{\mathrm{SS}} \left| \boldsymbol{h}_{11n}^{\mathrm{SS}\dagger} \boldsymbol{w}_{11n}^{\mathrm{SS}} \right|^2}{\mathbf{IN}}\right) \tag{4.7}$$

其中，给定干扰项 **IN** 为

$$\mathbf{IN} = P_{1n} \beta_{11n}^{\mathrm{SS}} \operatorname{var}\{\boldsymbol{h}_{11n}^{\mathrm{SS}\dagger} \boldsymbol{w}_{11n}^{\mathrm{SS}}\} + \sum_{j=2}^{L} \sum_{k=1}^{K_{\mathrm{P}}} \beta_{j1n}^{\mathrm{SP}} p_{\mathrm{t}} \mathbb{E}\{\left| \boldsymbol{h}_{j1n}^{\mathrm{SP}\dagger} \boldsymbol{w}_{jjk}^{\mathrm{PP}} \right|^2\} +$$

$$\sum_{m=1}^{K_{\mathrm{P}}-K_{\mathrm{T}}} \beta_{11n}^{\mathrm{SP}} p_{\mathrm{t}} \mathbb{E}\{\left| \boldsymbol{h}_{11n}^{\mathrm{SP}\dagger} \boldsymbol{w}_{11m}^{\mathrm{PP}} \right|^2\} + \sum_{\substack{i=K_{\mathrm{P}}-K_{\mathrm{T}}+1 \\ i \neq n}}^{K_{\mathrm{P}}} \beta_{11n}^{\mathrm{SS}} P_{1i} \mathbb{E}\{\left| \boldsymbol{h}_{11n}^{\mathrm{SS}\dagger} \boldsymbol{w}_{11i}^{\mathrm{SS}} \right|^2\} + \sigma^2$$

对于给定的 $\boldsymbol{P} = (P_{1(K_{\mathrm{P}}-K_{\mathrm{T}}+1)}, \cdots, P_{1K_{\mathrm{P}}})$，速率可以表示为

$$R_{1n}(\boldsymbol{P}) = \log_2 \left(1 + \frac{(1/\tau_{1n}^{\mathrm{S}}) P_{1n} \beta_{11n}^{\mathrm{SS}^2} \mathbb{E}^2\{\vartheta\}}{I_1 + I_2 + I_3 + I_4 + \sigma^2}\right) \tag{4.8}$$

其中

$$\begin{cases} I_1 = P_{1n} \beta_{11n}^{\mathrm{SS}} \left( \dfrac{\beta_{11n}^{\mathrm{SS}}}{\tau_{1n}^{\mathrm{S}}} \operatorname{var}\{\vartheta\} + 1 - \dfrac{\beta_{11n}^{\mathrm{SS}}}{\tau_{1n}^{\mathrm{S}}} \right) + \displaystyle\sum_{\substack{i=K_{\mathrm{P}}-K_{\mathrm{T}}+1 \\ i \neq n}}^{K_{\mathrm{P}}} \beta_{11n}^{\mathrm{SS}} P_{1i} \\ I_2 = \displaystyle\sum_{j=2}^{L} \beta_{j1n}^{\mathrm{SP}} p_{\mathrm{t}} \left( \dfrac{\beta_{j1n}^{\mathrm{SP}}}{\tau_{jn}^{\mathrm{P}}} \mathbb{E}\{\epsilon^2\} + 1 - \dfrac{\beta_{j1n}^{\mathrm{SP}}}{\tau_{jn}^{\mathrm{P}}} \right) \\ I_3 = \displaystyle\sum_{j=2}^{L} \sum_{k \neq n}^{K_{\mathrm{P}}} \beta_{j1n}^{\mathrm{SP}} p_{\mathrm{t}} \\ I_4 = \displaystyle\sum_{m=1}^{K_{\mathrm{P}}-K_{\mathrm{T}}} \beta_{11n}^{\mathrm{SP}} p_{\mathrm{t}} \end{cases} \tag{4.9}$$

在以上表达式中，$\vartheta = \sqrt{\sum_{m=1}^{M_{\mathrm{S}}} |u_m|^2}$ 和 $\epsilon = \sqrt{\sum_{m=1}^{M_{\mathrm{P}}} |u_m|^2}$，其中 $\{u_m\}$ 独立同分布于 $\mathcal{CN}(0, 1)$。$\tau_{1n}^{\mathrm{S}}$、$\tau_{jn}^{\mathrm{P}}$ 详细证明如下。

首先，获得如下等式：

$$\mathbb{E}\{\boldsymbol{h}_{11n}^{\text{SS}\dagger}\boldsymbol{w}_{11n}^{\text{SS}}\}=\mathbb{E}\left\{\boldsymbol{h}_{11n}^{\text{SS}\dagger}\frac{\hat{\boldsymbol{h}}_{11n}^{\text{SS}}}{\|\hat{\boldsymbol{h}}_{11n}^{\text{SS}}\|}\right\}=\mathbb{E}\left\{(\hat{\boldsymbol{h}}_{11n}^{\text{SS}}+\tilde{\boldsymbol{h}}_{11n}^{\text{SS}})^{\dagger}\frac{\hat{\boldsymbol{h}}_{11n}^{\text{SS}}}{\|\hat{\boldsymbol{h}}_{11n}^{\text{SS}}\|}\right\}$$

$$=\mathbb{E}\{\|\hat{\boldsymbol{h}}_{11n}^{\text{SS}}\|\}+\mathbb{E}\left\{\tilde{\boldsymbol{h}}_{11n}^{\text{SS}\dagger}\frac{\hat{\boldsymbol{h}}_{11n}^{\text{SS}}}{\|\hat{\boldsymbol{h}}_{11n}^{\text{SS}}\|}\right\}=\sqrt{\frac{\beta_{11n}^{\text{SS}}}{\tau_{1n}^{\text{S}}}}\mathbb{E}\{\vartheta\} \tag{4.10}$$

其中，$\tau_{1n}^{\text{S}}=\left(1/\gamma_{\text{P}}+\sum\limits_{j=2}^{L}\beta_{1jn}^{\text{PS}}+\beta_{11n}^{\text{SS}}\right)$，$\gamma_{\text{P}}(\gamma_{\text{P}}=\frac{\rho}{\sigma^2})$表示每个导频的 SNR，$\vartheta=\sqrt{\sum\limits_{m=1}^{M_{\text{S}}}|u_m|^2}$ 和 $\{u_m\}$独立同分布于 $\mathcal{CN}(0,1)$。

然后，

$$\mathbb{E}\{\|\boldsymbol{h}_{11n}^{\text{SS}\dagger}\boldsymbol{w}_{11n}^{\text{SS}}\|^2\}=\mathbb{E}\{\|\hat{\boldsymbol{h}}_{11n}^{\text{SS}}\|^2\}+\mathbb{E}\left\{\frac{\hat{\boldsymbol{h}}_{11n}^{\text{SS}\dagger}}{\|\hat{\boldsymbol{h}}_{11n}^{\text{SS}}\|}\tilde{\boldsymbol{h}}_{11n}^{\text{SS}}\tilde{\boldsymbol{h}}_{11n}^{\text{SS}\dagger}\frac{\hat{\boldsymbol{h}}_{11n}^{\text{SS}}}{\|\hat{\boldsymbol{h}}_{11n}^{\text{SS}}\|}\right\}$$

$$=\frac{\beta_{11n}^{\text{SS}}}{\tau_{1n}^{\text{S}}}\mathbb{E}\{\vartheta^2\}+1-\frac{\beta_{11n}^{\text{SS}}}{\tau_{1n}^{\text{S}}} \tag{4.11}$$

结合式(4.10)和式(4.11)，可以得到

$$\text{var}\{\boldsymbol{h}_{11n}^{\text{SS}\dagger}\boldsymbol{w}_{11n}^{\text{SS}}\}=\mathbb{E}\{\|\boldsymbol{h}_{11n}^{\text{SS}\dagger}\boldsymbol{w}_{11n}^{\text{SS}}\|^2\}-|\mathbb{E}\{\boldsymbol{h}_{11n}^{\text{SS}\dagger}\boldsymbol{w}_{11n}^{\text{SS}}\}|^2$$

$$=\frac{\beta_{11n}^{\text{SS}}}{\tau_{1n}^{\text{S}}}\text{var}\{\vartheta\}+1-\frac{\beta_{11n}^{\text{SS}}}{\tau_{1n}^{\text{S}}} \tag{4.12}$$

其中，$\mathbb{E}\{\vartheta\}=\frac{\Gamma(M_{\text{S}}+1/2)}{\Gamma(M_{\text{S}})}$，$\mathbb{E}\{\vartheta^2\}=M_{\text{S}}$ 和 $\text{var}\{\vartheta\}=M_{\text{S}}-\mathbb{E}^2\{\vartheta\}$，$\Gamma(\cdot)$是伽马函数。本书仅对 SN 的上行训练和下行数据传输进行了分析，对 PN 可以进行类似分析，从而直接得出结论。

当 $n=k(K_{\text{P}}-K_{\text{T}}+1\leqslant k\leqslant K_{\text{P}})$时，即根据 MMSE 分解，第一小区中第 $n$ 个 CU 使用与相邻小区中第 $k$ 个 PU 相同的导频，有

$$\frac{\hat{\boldsymbol{h}}_{j1n}^{\text{SP}}}{\sqrt{\beta_{j1n}^{\text{SP}}}}=\frac{\hat{\boldsymbol{h}}_{jjk}^{\text{PP}}}{\sqrt{\beta_{jjk}^{\text{PP}}}}\Rightarrow\frac{\hat{\boldsymbol{h}}_{j1k}^{\text{SP}}}{\sqrt{\beta_{j1k}^{\text{SP}}}}=\frac{\hat{\boldsymbol{h}}_{jjk}^{\text{PP}}}{\sqrt{\beta_{jjk}^{\text{PP}}}} \tag{4.13}$$

根据式(4.13)和$\hat{\boldsymbol{h}}_{j1k}^{\text{SP}}=\hat{\boldsymbol{h}}_{j1k}^{\text{PP}}+\tilde{\boldsymbol{h}}_{j1k}^{\text{SP}}$，有如下结果：

$$\boldsymbol{h}_{j1k}^{\text{SP}}=\sqrt{\frac{\beta_{j1k}^{\text{SP}}}{\beta_{jjk}^{\text{PP}}}}\hat{\boldsymbol{h}}_{jjk}^{\text{PP}}+\tilde{\boldsymbol{h}}_{j1k}^{\text{SP}} \tag{4.14}$$

由于 $\hat{\boldsymbol{h}}_{jjk}^{\text{PP}}\sim\mathcal{CN}\left(\boldsymbol{0},\frac{\beta_{jjk}^{\text{SS}}}{\tau_{jk}^{\text{P}}}\boldsymbol{I}_{M_{\text{P}}}\right)$，可以得到 $\tilde{\boldsymbol{h}}_{j1k}^{\text{SP}}\sim\mathcal{CN}(\boldsymbol{0},\boldsymbol{I}_{M_{\text{P}}}-\frac{\beta_{j1k}^{\text{SP}}}{\tau_{jk}^{\text{P}}}\boldsymbol{I}_{M_{\text{P}}})$，其中 $\tau_{jk}^{\text{P}}=\left(1/\gamma_{\text{P}}++\sum\limits_{l=1}^{L}\beta_{jlk}^{\text{PP}}\right)(k\leqslant K_{\text{P}}-K_{\text{T}})$，$\tau_{jk}^{\text{P}}=\left(1/\gamma_{\text{P}}+\sum\limits_{l=2}^{L}\beta_{jlk}^{\text{PP}}+\beta_{j1k}^{\text{SP}}\right)(K_{\text{P}}-K_{\text{T}}+1\leqslant k\leqslant K_{\text{P}})$。

因此，

$$\mathbb{E}\{|\boldsymbol{h}_{j1n}^{\mathrm{SP}\dagger}\boldsymbol{w}_{jjk}^{\mathrm{PP}}|^2\}=\mathbb{E}\left\{\left|\left(\sqrt{\frac{\beta_{j1k}^{\mathrm{SP}}}{\beta_{jjk}^{\mathrm{PP}}}}\hat{\boldsymbol{h}}_{jjk}^{\mathrm{PP}}+\tilde{\boldsymbol{h}}_{j1k}^{\mathrm{SP}}\right)^{\dagger}\frac{\hat{\boldsymbol{h}}_{jjk}^{\mathrm{PP}}}{\|\hat{\boldsymbol{h}}_{jjk}^{\mathrm{PP}}\|}\right|^2\right\}$$

$$=\mathbb{E}\left\{\frac{\beta_{j1k}^{\mathrm{SP}}}{\beta_{jjk}^{\mathrm{PP}}}\|\hat{\boldsymbol{h}}_{jjk}^{\mathrm{PP}}\|^2\right\}+\mathbb{E}\left\{\frac{\hat{\boldsymbol{h}}_{jjk}^{\mathrm{PP}\dagger}}{\|\hat{\boldsymbol{h}}_{jjk}^{\mathrm{PP}}\|}\tilde{\boldsymbol{h}}_{j1k}^{\mathrm{SP}}\tilde{\boldsymbol{h}}_{j1k}^{\mathrm{SP}\dagger}\frac{\hat{\boldsymbol{h}}_{jjk}^{\mathrm{PP}}}{\|\hat{\boldsymbol{h}}_{jjk}^{\mathrm{PP}}\|}\right\}$$

$$=\frac{\beta_{j1k}^{\mathrm{SP}}}{\tau_{jk}^{\mathrm{P}}}\mathbb{E}\{\varepsilon^2\}+1-\frac{\beta_{j1k}^{\mathrm{SP}}}{\tau_{jk}^{\mathrm{P}}} \tag{4.15}$$

其中，$\varepsilon=\sqrt{\sum_{m=1}^{M_{\mathrm{P}}}|u_m|^2}$，$\mathbb{E}\{\varepsilon\}=\frac{\Gamma(M_{\mathrm{S}}+1/2)}{\Gamma(M_{\mathrm{S}})}$，$\mathbb{E}\{\varepsilon^2\}=M_{\mathrm{P}}$ 和 $\mathrm{var}\{\varepsilon\}=M_{\mathrm{P}}-\mathbb{E}^2\{\varepsilon\}$。

当 $n\neq k$ 时，

$$\mathbb{E}\{|\boldsymbol{h}_{j1n}^{\mathrm{SP}\dagger}\boldsymbol{w}_{jjk}^{\mathrm{PP}}|^2\}=\mathbb{E}\left\{\frac{\hat{\boldsymbol{h}}_{jjk}^{\mathrm{PP}\dagger}}{\|\hat{\boldsymbol{h}}_{jjk}^{\mathrm{PP}}\|}\boldsymbol{h}_{j1n}^{\mathrm{SP}}\boldsymbol{h}_{j1n}^{\mathrm{SP}\dagger}\frac{\hat{\boldsymbol{h}}_{jjk}^{\mathrm{PP}}}{\|\hat{\boldsymbol{h}}_{jjk}^{\mathrm{PP}}\|}\right\}=1 \tag{4.16}$$

$$\mathbb{E}\{|\boldsymbol{h}_{11n}^{\mathrm{SS}\dagger}\boldsymbol{w}_{11i}^{\mathrm{SS}}|^2\}=\mathbb{E}\left\{\frac{\hat{\boldsymbol{h}}_{11i}^{\mathrm{SS}\dagger}}{\|\hat{\boldsymbol{h}}_{11i}^{\mathrm{SS}}\|}\boldsymbol{h}_{11n}^{\mathrm{SS}}\boldsymbol{h}_{11n}^{\mathrm{SS}\dagger}\frac{\hat{\boldsymbol{h}}_{11i}^{\mathrm{SS}}}{\|\hat{\boldsymbol{h}}_{11i}^{\mathrm{SS}}\|}\right\}=1 \tag{4.17}$$

## 4.3 优化问题的形成

在 CR 网络中，CN 必须控制其发射功率以避免对 PU 产生有害干扰。因此，通常会对 CN 的干扰功率施加限制，并保证 PU 的 QoS(如平均干扰功率约束[15,16]和峰值干扰功率约束[17,18])。本书考虑将每个 PU 的最小 SINR 值作为约束，即$\mathrm{SINR}_{jk}\geqslant\eta_{jk}$，其中 $\eta_{jk}$ 表示第 $j$ 个小区中第 $k$ 个 PU 所需的最小 SINR。因此，功率优化问题可表示为

$$\max_{\boldsymbol{P}}\mathcal{R}(\boldsymbol{P})=\sum_{n=K_{\mathrm{P}}-K_{\mathrm{T}}+1}^{K_{\mathrm{P}}}R_{1n}(\boldsymbol{P}) \tag{4.18a}$$

$$\text{s.t.}\quad \sum_{n=K_{\mathrm{P}}-K_{\mathrm{T}}+1}^{K_{\mathrm{P}}}P_{1n}\leqslant P_{\max} \tag{4.18b}$$

$$\mathrm{SINR}_{jk}\geqslant\eta_{jk}\begin{cases}j\in\{1\}, & k\in\{1,\cdots,K_{\mathrm{P}}-K_{\mathrm{T}}\}\\ j\in\{2,\cdots,L\}, & k\in\{1,\cdots,K_{\mathrm{P}}\}\end{cases} \tag{4.18c}$$

$$P_{1n}\geqslant 0,n\in\{K_{\mathrm{P}}-K_{\mathrm{T}}+1,\cdots,K_{\mathrm{P}}\} \tag{4.18d}$$

式(4.18b)为 CBS 的总功率约束，式(4.18c)用于保证每个 PU 的 QoS。式(4.18c)实际上是 $\boldsymbol{P}$ 的函数，因此式(4.18a)～式(4.18d)可以改写为

$$\max_{\boldsymbol{P}}\mathcal{R}(\boldsymbol{P})=\sum_{n=K_{\mathrm{P}}-K_{\mathrm{T}}+1}^{K_{\mathrm{P}}}R_{1n}(\boldsymbol{P}) \tag{4.19a}$$

$$\text{s.t.}\quad \sum_{n=K_P-K_T+1}^{K_P} P_{1n} \leqslant \min\{I_P, P_{\max}\} \tag{4.19b}$$

$$\sum_{\substack{n=K_P-K_T+1\\ n\neq k}}^{K_P} P_{1n} + \xi_{1k}P_{1k} \leqslant \mathscr{I}_{jk} \begin{cases} k \in \{K_P - K_T + 1, \cdots, K_P\} \\ j \in \{2, \cdots, L\} \end{cases} \tag{4.19c}$$

$$P_{1n} \geqslant 0, \quad n \in \{K_P - K_T + 1, \cdots, K_P\} \tag{4.19d}$$

其中

$$\begin{cases} I_P = \min\{[\mathscr{I}_{jk}]_{L\times(K_P-K_T)}\} \\ \mathscr{I}_{jk} = \dfrac{1}{\beta_{1jk}^{PS}}\left(\dfrac{(1/\tau_{jk}^{P})p_t(\beta_{jjk}^{PP})^2\,\mathbb{E}^2\{\varepsilon\}}{\eta_{jk}} - I_1' - I_2' - I_3'\right) \\ \xi_{1k} = \left(\dfrac{\beta_{1jk}^{PS}}{\tau_{1k}^{S}}\mathbb{E}\{\vartheta^2\} + 1 - \dfrac{\beta_{1jk}^{PS}}{\tau_{1k}^{S}}\right) \end{cases}$$

$I_1'$、$I_2'$、$I_3'$及其具体证明如下。

由于PU的SINR求解过程与CU的类似,因此可以直接获得PU的SINR,即

$$\text{SINR}_{jk} = \frac{(1/\tau_{jk}^{P})p_t(\beta_{jjk}^{PP})^2\,\mathbb{E}^2\{\varepsilon\}}{I_1' + I_2' + I_3' + I_4' + \sigma^2} \tag{4.20}$$

接下来假设有两种情况。

(1) 第一种情况:当 $k \leqslant K_P - K_T$ 时

$$I_1' = p_t\beta_{jjk}^{PP}\left(\frac{\beta_{jjk}^{PP}}{\tau_{jk}^{P}}\text{var}\{\varepsilon\} + 1 - \frac{\beta_{jjk}^{PP}}{\tau_{jk}^{P}}\right)$$

$$I_2' = \sum_{l\neq j}^{L}\beta_{ljk}^{PP}p_t\left(\frac{\beta_{ljk}^{PP}}{\tau_{lk}^{P}}\mathbb{E}\{\varepsilon^2\} + 1 - \frac{\beta_{ljk}^{PP}}{\tau_{lk}^{P}}\right)$$

$$I_3' = \sum_{l=2}^{L}\sum_{i\neq k}^{K_P}\beta_{ljk}^{PP}p_t + \sum_{m\neq k}^{K_P-K_T}\beta_{1jk}^{PP}p_t$$

$$I_4' = \sum_{n=K_P-K_T+1}^{K_P}\beta_{1jk}^{PS}P_{1n}$$

根据式(4.18c),可以获得

$$\sum_{n=K_P-K_T+1}^{K_P} P_{1n} \leqslant \frac{\left(\dfrac{(1/\tau_{jk}^{P})p_t(\beta_{jjk}^{PP})^2\,\mathbb{E}^2\{\varepsilon\}}{\eta_{jk}} - I_1' - I_2' - I_3'\right)}{\beta_{1jk}^{PS}} \tag{4.21}$$

结合式(4.18b)和式(4.21),可以得到

$$\sum_{n=K_P-K_T+1}^{K_P} P_{1n} \leqslant \min\{I_P, P_{\max}\} \tag{4.22}$$

其中,$I_P = \min\{[\mathscr{I}_{jk}]_{L\times(K_P-K_T)}\}$,$\mathscr{I}_{jk} = \dfrac{1}{\beta_{1jk}^{PS}}\left(\dfrac{(1/\tau_{jk}^{P})p_t(\beta_{jjk}^{PP})^2\,\mathbb{E}^2\{\varepsilon\}}{\eta_{jk}} - I_1' - I_2' - I_3'\right)$。

(2) 第二种情况:当 $K_P - K_T + 1 \leqslant k \leqslant K_P$ 时

$$I'_1 = p_t \beta_{jjk}^{PP} \left( \frac{\beta_{jjk}^{PP}}{\tau_{jk}^{P}} \mathrm{var}\{\varepsilon^2\} + 1 - \frac{\beta_{jjk}^{PP}}{\tau_{jk}^{P}} \right)$$

$$I'_2 = \sum_{l \neq j}^{L} \beta_{ljk}^{PP} p_t \left( \frac{\beta_{ljk}^{PP}}{\tau_{lk}^{P}} \mathbb{E}\{\varepsilon^2\} + 1 - \frac{\beta_{ljk}^{PP}}{\tau_{lk}^{P}} \right)$$

$$I'_3 = \sum_{l=2}^{L} \sum_{i \neq k}^{K_P} \beta_{ljk}^{PP} p_t + \sum_{m=k}^{K_P - K_T} \beta_{1jk}^{PP} p_t$$

$$I'_4 = \sum_{\substack{n = K_P - K_T + 1 \\ n \neq k}}^{K_P} \beta_{1jk}^{PS} P_{1n} + \beta_{1jk}^{PS} P_{1k} \left( \frac{\beta_{ljk}^{PS}}{\tau_{1k}^{S}} \mathbb{E}\{\vartheta^2\} + 1 - \frac{\beta_{1jk}^{PS}}{\tau_{1k}^{S}} \right)$$

根据式(4.18c),可以获得

$$\sum_{\substack{n = K_P - K_T + 1 \\ n \neq k}}^{K_P} P_{1n} + \xi_{1k} P_{1k} \leqslant \mathscr{I}_{jk} \tag{4.23}$$

其中,$\xi_{1k} = \left( \frac{\beta_{1jk}^{PS}}{\tau_{1k}^{S}} \mathbb{E}\{\vartheta^2\} + 1 - \frac{\beta_{1jk}^{PS}}{\tau_{1k}^{S}} \right)$。

从以上证明中可以发现,PU 的 SINR 随着 PBS 天线数量的增加而增加,而随着 CU 传输功率的减少而降低。因此,使用式(4.18c)作为约束是有利的。例如,当 PBS 天线的数量增加时,CBS 可以发送更高的功率,提高 CN 的下行总速率。

由于功率 $\boldsymbol{P}$ 出现在每个 CU 的 SINR 分母中,因此目标函数(4.19a)是非凸的,式(4.19)是一个非凸优化问题。接下来,提出一种迭代算法来解决上述问题。

# 4.4 优化问题的求解

本节首先通过逼近法将原始非凸优化问题转换为凸优化问题,然后通过迭代求解凸优化问题来获得最初问题的近似解。

## 4.4.1 问题的转化

首先,给出以下不等式[19]:

$$a \ln x + b \leqslant \ln(1 + x) \tag{4.24}$$

在给定 $x = x_0$ 时,系数 $a$ 和 $b$ 分别为

$$a = \frac{x_0}{1 + x_0}, \quad b = \ln(1 + x_0) - \frac{x_0}{1 + x_0} \ln x_0 \tag{4.25}$$

结合式(4.24)和式(4.25)进行一系列操作后,将第 $n$ 个 CU 可实现下行链路速率的下限定义为

$$\widetilde{R}_{1n}(\boldsymbol{P}, a_{1n}, b_{1n}) = \left( a_{1n} \ln \left( \frac{(1/\tau_{1n}^{S}) P_{1n} (\beta_{11n}^{SS})^2 \, \mathbb{E}^2\{\vartheta\}}{I_1 + I_2 + I_3 + I_4 + \sigma^2} + b_{1n} \right) \right) \log_2 \mathrm{e} \tag{4.26}$$

其中，$a_{1n}$和$b_{1n}$表示式(4.25)中给出的系数，在每次迭代中用$P_{1n}$替换$x_0$更新系数。由于式(4.26)仍然是非凸的，因此定义$P_{1n} \overset{\Delta}{=} \mathrm{e}^{\widetilde{P}_{1n}}$，并且可以将遍历下行速率式(4.26)的下限转换为式(4.27a)。根据文献[19]，ln－sum－e是凸函数，而式(4.27a)是$\widetilde{\boldsymbol{P}}$的凹函数。

$$\begin{aligned}\widetilde{R}_{1n}(e^{\widetilde{\boldsymbol{P}}},a_{1n},b_{1n}) &= \left(a_{1n}\left(\ln(C_{1n}\mathrm{e}^{\widetilde{P}_{1n}}) - \ln\left(D_{1n}\mathrm{e}^{\widetilde{P}_{1n}}\beta_{11n}^{\mathrm{SS}} + \sum_{\substack{n=K_\mathrm{P}-K_\mathrm{T}+1\\ i\neq n}}^{K_\mathrm{P}}\beta_{11n}^{\mathrm{SS}}\mathrm{e}^{\widetilde{P}_{1i}} + \mathcal{N}_0\right)\right) + b_{1n}\right)\log_2\mathrm{e}\\ &= \left(a_{1n}\left(\ln(C_{1n}) + \widetilde{P}_{1n} - \ln\left(D_{1n}\mathrm{e}^{\widetilde{P}_{1n}}\beta_{11n}^{\mathrm{SS}} + \sum_{\substack{n=K_\mathrm{P}-K_\mathrm{T}+1\\ i\neq n}}^{K_\mathrm{P}}\beta_{11n}^{\mathrm{SS}}\mathrm{e}^{\widetilde{P}_{1i}} + \mathcal{N}_0\right)\right) + b_{1n}\right)\log_2\mathrm{e}\end{aligned} \tag{4.27a}$$

其中，$C_{1n}=\dfrac{(\beta_{11n}^{\mathrm{SS}})^2\mathbb{E}^2\{\vartheta\}}{\tau_{1n}^{\mathrm{S}}}$，$D_{1n}=\left(\dfrac{\beta_{11n}^{\mathrm{SS}}}{\tau_{1n}^{\mathrm{S}}}\mathrm{var}(\vartheta)+1-\dfrac{\beta_{11n}^{\mathrm{SS}}}{\tau_{1n}^{\mathrm{S}}}\right)$，$\mathcal{N}_0=I_2+I_3+I_4$。

接下来，将原始问题转换为凸优化问题，如下所示：

$$\max_{\widetilde{\boldsymbol{P}}}\ \widetilde{\mathscr{R}}(\mathrm{e}^{\widetilde{\boldsymbol{P}}},\boldsymbol{a},\boldsymbol{b}) = \sum_{n=K_\mathrm{P}-K_\mathrm{T}+1}^{K_\mathrm{P}}\widetilde{R}_{1n}(\mathrm{e}^{\widetilde{\boldsymbol{P}}},a_{1n},b_{1n}) \tag{4.27b}$$

$$\text{s.t.}\quad \sum_{n=K_\mathrm{P}-K_\mathrm{T}+1}^{K_\mathrm{P}}\mathrm{e}^{\widetilde{P}_{1n}} \leqslant \min\{I_\mathrm{P},P_{\max}\} \tag{4.27c}$$

$$\sum_{\substack{n=K_\mathrm{P}-K_\mathrm{T}+1\\ n\neq k}}^{K_\mathrm{P}}\mathrm{e}^{\widetilde{P}_{1n}} + \xi_{1k}\mathrm{e}^{\widetilde{P}_{1k}} \leqslant \mathscr{I}_{jk}\begin{cases}k\in\{K_\mathrm{P}-K_\mathrm{T}+1,\cdots,K_\mathrm{P}\}\\ j\in\{2,\cdots,L\}\end{cases} \tag{4.27d}$$

$$\mathrm{e}^{\widetilde{P}_{1n}} \geqslant 0,\quad n\in\{K_\mathrm{P}-K_\mathrm{T}+1,\cdots,K_\mathrm{P}\} \tag{4.27e}$$

其中，$\boldsymbol{a}=(a_{1\{K_\mathrm{P}-K_\mathrm{T}+1\}},\cdots,a_{1K_\mathrm{P}})$和$\boldsymbol{b}=(b_{1\{K_\mathrm{P}-K_\mathrm{T}+1\}},\cdots,b_{1K_\mathrm{P}})$。

由于式(4.27)是凸优化问题，其对偶差值为0，因此可以通过求解其对偶问题来获得原始问题的解[20]。然后，将获得的功率通过$P_{1n} \overset{\Delta}{=} \mathrm{e}^{\widetilde{P}_{1n}}$变换到$P$空间。可以发现，上述问题的最优解是由式(4.23)给出的原始问题的下界。根据以下定理，可以通过迭代解决式(4.27)中的问题来获得最初问题的有效解。

**定理4.1** 由式(4.23)给出的目标函数的值将在第$t+1$次迭代中得到提高或保持与上一次迭代相同的值，即$\mathscr{R}(\boldsymbol{P}^{(t)})\leqslant\mathscr{R}(\boldsymbol{P}^{(t+1)})$。

**证明** 假设$\boldsymbol{P}^{(t)}$是第$t$次迭代中问题(4.27)的最优解，则可以获得

$$\begin{aligned}\widetilde{\mathscr{R}}(\mathrm{e}^{\widetilde{\boldsymbol{P}}^{(t)}},\boldsymbol{a}^{(t)},\boldsymbol{b}^{(t)}) &\overset{(a)}{\leqslant}\mathscr{R}(\widetilde{\boldsymbol{P}}^{(t)})\overset{(b)}{=}\widetilde{\mathscr{R}}(\mathrm{e}^{\widetilde{\boldsymbol{P}}^{(t)}},(\boldsymbol{a})^{(t+1)},\boldsymbol{b}^{(t+1)})\\ &\overset{(c)}{\leqslant}\widetilde{\mathscr{R}}(\mathrm{e}^{\widetilde{\boldsymbol{P}}^{(t+1)}},(\boldsymbol{a})^{(t+1)},\boldsymbol{b}^{(t+1)})\\ &\overset{(d)}{\leqslant}\mathscr{R}(\boldsymbol{P}^{(t+1)})\end{aligned} \tag{4.28}$$

从式(4.28)可以看出，在第$t+1$次迭代中，式(4.23)中目标函数的最优值大于在第$t$次迭代中的最优值。另外，不等式(a)源自式(4.24)，由于在当前功率$\{\mathrm{e}^{\widetilde{\boldsymbol{P}}^{(t)}},(\boldsymbol{a})^{(t+1)},$

$\boldsymbol{b}^{(t+1)}\}$上的逼近，所以等式(b)成立。不等式(c)成立是因为 $\mathrm{e}^{\widetilde{\boldsymbol{P}}^{(t+1)}}$ 和 $\mathrm{e}^{\widetilde{\boldsymbol{P}}^{(t)}}$ 在第 $t+1$ 次迭代中分别是问题(4.27)的最优解和可行解，最后的不等式直接来自式(4.24)。

## 4.4.2 问题的求解

接下来，本节着重解决式(4.27)的对偶问题。首先，定义如下拉格朗日对偶函数：

$$g(\lambda,\boldsymbol{\mu})=\max_{\widetilde{\boldsymbol{P}}\in\boldsymbol{\Omega}} L(\widetilde{\boldsymbol{P}},\lambda,\boldsymbol{\mu}) \tag{4.29}$$

其中

$$\begin{aligned} L(\widetilde{\boldsymbol{P}},\lambda,\boldsymbol{\mu}) = & \sum_{n=K_{\mathrm{P}}-K_{\mathrm{T}}+1}^{K_{\mathrm{P}}} \Big(a_{1n}\Big(\ln(C_{1n})+\widetilde{P}_{1n}-\ln\Big(D_{1n}\mathrm{e}^{\widetilde{P}_{1n}}\beta_{11n}^{\mathrm{SS}}+ \\ & \sum_{\substack{n=K_{\mathrm{P}}-K_{\mathrm{T}}+1\\ i\neq n}}^{K_{\mathrm{P}}} \beta_{11n}^{\mathrm{SS}}\mathrm{e}^{\widetilde{P}_{1i}}+\mathcal{N}_0\Big)\Big)+b_{1n}\Big)\log_2\mathrm{e}+ \\ & \lambda\Big(\min\{I_{\mathrm{P}},P_{\max}\}-\sum_{n=K_{\mathrm{P}}-K_{\mathrm{T}}+1}^{K_{\mathrm{P}}}\mathrm{e}^{\widetilde{P}_{1n}}\Big)+ \\ & \sum_{j=2}^{L}\sum_{k=K_{\mathrm{P}}-K_{\mathrm{T}}+1}^{K_{\mathrm{P}}}\mu_{jk}\Big(\mathcal{I}_{jk}-\Big(\sum_{\substack{n=K_{\mathrm{P}}-K_{\mathrm{T}}+1\\ n\neq k}}\mathrm{e}^{\widetilde{P}_{1n}}+\xi_{1k}\mathrm{e}^{\widetilde{P}_{1k}}\Big)\Big) \end{aligned} \tag{4.30}$$

$\boldsymbol{\Omega}$ 表示由式(4.27c)～式(4.27e)定义的可行域，$\lambda$ 和 $\boldsymbol{\mu}=\{\mu_{jk}\}(j\in\{2,\cdots,L\},k\in\{K_{\mathrm{P}}-K_{\mathrm{T}}+1,\cdots,K_{\mathrm{P}}\})$分别表示与约束条件式(4.27c)和式(4.27d)相关的对偶变量的值和向量。基于此，对偶优化问题可表示为

$$\begin{aligned} &\min_{\lambda,\boldsymbol{\mu}} g(\lambda,\boldsymbol{\mu}) \\ &\text{s.t.}\quad \lambda,\boldsymbol{\mu}\geqslant 0 \end{aligned} \tag{4.31}$$

由于对偶函数总是凸的[21]，因此可以通过次梯度法将 $g(\lambda,\boldsymbol{\mu})$ 最小化。对偶变量可以按如下形式更新：

$$\begin{aligned} \lambda^{(s+1)} &= \Big[\lambda^{(s)}+\zeta^{(s)}\Big(\sum_{n=K_{\mathrm{P}}-K_{\mathrm{T}}+1}^{K_{\mathrm{P}}}P_{1n}-\min\{I_{\mathrm{P}},P_{\max}\}\Big)\Big]^{+} \\ \mu_{jk}^{(s+1)} &= \Big[\mu_{jk}^{(s)}+\zeta_{jk}^{(s)}\Big(\sum_{\substack{n=K_{\mathrm{P}}-K_{\mathrm{T}}+1\\ n\neq k}}^{K_{\mathrm{P}}}P_{1n}+\xi_{1k}P_{1k}-\mathcal{I}_{jk}\Big)\Big]^{+} \end{aligned} \tag{4.32}$$

其中，$s$ 表示迭代次数，$\zeta^{(s)}$ 和 $\zeta_{jk}^{(s)}$ 分别表示第 $s$ 次迭代中的步长。对偶变量步长的选择基于递减步长规则，以确保收敛。请注意，在式(4.32)中，我们回到了 $P$ 空间。

但是，对于给定对偶变量 $\lambda$ 和 $\boldsymbol{\mu}$，求解对偶问题(4.31)涉及最优 $\widetilde{\boldsymbol{P}}$。我们应用 KKT 条件[21]并获得功率如下：

$$P_{1n}=\frac{\sqrt{(\mathcal{P}_{1n}+\mathcal{N}_0)^2+\dfrac{4D_{1n}\beta_{11n}^{\mathrm{SS}}a_{1n}(\mathcal{P}_{1n}+\mathcal{N}_0)\log_2\mathrm{e}}{\lambda+\mathcal{U}_{1n}}}-\mathcal{P}_{1n}-\mathcal{N}_0}{2D_{1n}\beta_{11n}^{\mathrm{SS}}} \tag{4.33}$$

其中，$\mathscr{P}_{1n}=\sum_{\substack{i=K_P-K_T+1\\i\neq n}}^{K_P}\beta_{11n}^{SS}P_{1i}$，$\mathscr{U}_{1n}=\sum_{j=2}^{L}\mu_{jn}\xi_{1n}+\sum_{j=2}^{L}\sum_{\substack{K=K_P-K_T+1\\k\neq n}}^{K_P}\mu_{jk}$。

可以发现式(4.33)是一个不动点方程，即 $\boldsymbol{P}$ 也出现在式(4.33)的右侧。根据文献[19]，可以基于定点功率更新获得 $P_{1n}$ 的值。最后，为解决提出的原始问题(4.23)，首先初始化参数 $\boldsymbol{a}$ 和 $\boldsymbol{b}$。然后，将式(4.23)通过逼近转化为凸优化问题(4.27)，可以用经典的拉格朗日对偶和次梯度方法求解。接下来，根据式(4.25)用获得的功率更新 $\boldsymbol{a}$ 和 $\boldsymbol{b}$，并解决问题(4.27)。重复上述过程，直到总速率收敛为止，最后将上述方法总结为算法 4.1。

---

**算法 4.1**：所提功率分配算法

---

1. 初始化 $\boldsymbol{a}^{(t)}=\boldsymbol{1},\boldsymbol{b}^{(t)}=\boldsymbol{0}$，最大容忍度 $\varepsilon$，迭代次数 $t=0$。
2. 重复
3. 　初始化对偶变量 $\lambda$ 和 $\boldsymbol{\mu}$
4. 　重复
5. 　　通过式(4.33)得到功率分配 $P_{1n}$ 和定点功率更新[19]
6. 　　通过式(4.32)更新对偶变量 $\lambda$ 和 $\boldsymbol{\mu}$
7. 　直到　对偶变量收敛
8. 计算总速率 $\widetilde{\mathscr{R}}(\boldsymbol{P},\boldsymbol{a}^{(t)},\boldsymbol{b}^{(t)})$
9. 更新 $t=t+1$
10. 通过式(4.25)更新 $\boldsymbol{a}^{(t)},\boldsymbol{b}^{(t)}$
11. 直到 $\left|\widetilde{\mathscr{R}}(\boldsymbol{P},\boldsymbol{a}^{(t+1)},\boldsymbol{b}^{(t+1)})-\widetilde{\mathscr{R}}(\boldsymbol{P},\boldsymbol{a}^{(t)},\boldsymbol{b}^{(t)})\right|\leqslant\varepsilon$

---

接下来，有以下定理。

**定理 4.2**　通过迭代求解近似问题(4.27)获得的解满足原始问题(4.23)的必要 KKT 条件。

**证明**　首先，我们考虑如下优化问题：

$$\max_{\boldsymbol{X}} f_0(\boldsymbol{X}) \tag{4.34a}$$

$$\text{s.t.}\quad f_0(\boldsymbol{X})\leqslant 0,\quad i=1,2,\cdots,M \tag{4.34b}$$

其中，目标函数 $f_0(\boldsymbol{X})$ 和约束 $f_i(\boldsymbol{X})$ 假设是非凸的。接下来，选择一个凸函数 $f_i(\boldsymbol{X})$，使 $\widetilde{f}_i(\boldsymbol{X})\approx f_i(\boldsymbol{X})(i=0,1,2,\cdots,M)$。近似问题是凸优化问题，可以通过标准凸方法解决。根据文献[22]，如果近似满足以下条件，则近似问题的解可以收敛到满足原始问题 KKT 条件的点：

(1) 对于任意的 $i$，有 $\widetilde{f}_i(\boldsymbol{X})\approx f_i(\boldsymbol{X})$；

(2) $\widetilde{f}_i(\boldsymbol{X}_0)=f_i(\boldsymbol{X}_0)$，其中 $\boldsymbol{X}_0$ 是上次迭代中近似问题的最优解；

(3) 对于任意的 $i$,有$\nabla \widetilde{f}_i(\boldsymbol{X}_0)=\nabla f_i(\boldsymbol{X}_0)$,其中$\nabla$表示求导。

根据式(4.24)、式(4.25)和式(4.26)中定义的参数 $\boldsymbol{a}$ 和 $\boldsymbol{b}$,很容易验证我们提出的凸逼近函数同时满足(1)～(3)。因此,所提出的迭代算法将收敛到满足原始问题 KKT 条件的解。因此,所获得的解至少达到了原始问题的局部最优。

# 4.5 性能分析

本节假设 PBS 或 CBS 配备了超大规模天线阵列,然后对 PN 和 CN 的下行链路速率进行分析。

## 4.5.1 $M_{\mathrm{P}}\to\infty$ 且 $M_{\mathrm{S}}$ 为定值

### 1. CN 下行链路速率

可以发现式(4.8)中除了干扰项 $I_2$,其他所有项均为有限常数,而 $I_2$ 可以表示如下:

$$\begin{aligned} I_2 &= \sum_{j=2}^{L}\beta_{j1n}^{\mathrm{SP}}p_{\mathrm{t}}\left(\frac{\beta_{j1n}^{\mathrm{SP}}}{\tau_{jn}^{\mathrm{P}}}\mathbb{E}\{\varepsilon^2\}+1-\frac{\beta_{j1n}^{\mathrm{SP}}}{\tau_{jn}^{\mathrm{P}}}\right) \\ &= \sum_{j=2}^{L}\beta_{j1n}^{\mathrm{SP}}p_{\mathrm{t}}\left(\frac{\beta_{j1n}^{\mathrm{SP}}}{\tau_{jn}^{\mathrm{P}}}M_{\mathrm{P}}+1-\frac{\beta_{j1n}^{\mathrm{SP}}}{\tau_{jn}^{\mathrm{P}}}\right) \end{aligned} \tag{4.35}$$

从式(4.35)可以看出,干扰项 $I_2$ 随 $M_{\mathrm{P}}$ 增加而增加,当 $M_{\mathrm{P}}\to\infty$时,$I_2\to\infty$。因此,根据式(4.8),当 $M_{\mathrm{P}}\to\infty$时,每个 CU 的下行链路速率接近于零。

### 2. PN 下行链路速率

另外,第 $j$ 个小区中第 $k$ 个 PU 的 SINR 可以表示为

$$\mathrm{SINR}_{jk}=\frac{(1/\tau_{jk}^{\mathrm{P}})p_{\mathrm{t}}(\beta_{jjk}^{\mathrm{PP}})^2\mathbb{E}^2\{\varepsilon\}}{I_1'+I_2'+I_3'+I_4'+\sigma^2} \tag{4.36}$$

应用如下的斯特林公式:

$$\Gamma(m)\Gamma\left(m+\frac{1}{2}\right)=2^{(1-2m)}\sqrt{\pi}\Gamma(2m)$$

$$\lim_{n\to\infty}\frac{n!}{\sqrt{2\pi n}n^n\mathrm{e}^{(-n)}}=1 \tag{4.37}$$

根据式(4.37),可以得到

$$\begin{aligned} \lim_{M_{\mathrm{P}}\to\infty}\frac{1}{\sqrt{M_{\mathrm{P}}}}\frac{\Gamma\left(M_{\mathrm{P}}+\frac{1}{2}\right)}{\Gamma(M_{\mathrm{P}})} &= \lim_{M_{\mathrm{P}}\to\infty}\sqrt{\frac{\pi}{M_{\mathrm{P}}}}2^{(1-2M_{\mathrm{P}})}\frac{(2M_{\mathrm{P}}-1)!}{(M_{\mathrm{P}}-1)!\ (M_{\mathrm{P}}-1)!} \\ &= \lim_{M_{\mathrm{P}}\to\infty}\sqrt{\frac{\pi}{M_{\mathrm{P}}}}2^{(1-2M_{\mathrm{P}})}\frac{\sqrt{2\pi(2M_{\mathrm{P}}-1)}(2M_{\mathrm{P}}-1)^{(2M_{\mathrm{P}}-1)}}{2\pi(M_{\mathrm{P}}-1)(M_{\mathrm{P}}-1)^{2(M_{\mathrm{P}}-1)}\mathrm{e}} \end{aligned}$$

$$=\lim_{M_{\mathrm{P}}\to\infty}\sqrt{\frac{2M_{\mathrm{P}}-1}{2M_{\mathrm{P}}}}\left(1+\frac{1}{2(M_{\mathrm{P}}-1)}\right)^{2M_{\mathrm{P}}-1}\mathrm{e}^{-1}$$

$$=\mathrm{ee}^{-1}=1 \tag{4.38}$$

因此，$\lim\limits_{M_{\mathrm{P}}\to\infty}\frac{\mathbb{E}^2\{\varepsilon\}}{M_{\mathrm{P}}}=1$ 且 $\lim\limits_{M_{\mathrm{P}}\to\infty}\frac{\mathrm{var}\{\varepsilon\}}{M_{\mathrm{P}}}=0$。

当 $k\leqslant K_{\mathrm{P}}-K_{\mathrm{T}}$ 时，式(4.36)可近似为

$$\begin{aligned}\lim_{M_{\mathrm{P}}\to\infty}\mathrm{SINR}_{jk}&=\lim_{M_{\mathrm{P}}\to\infty}\frac{(1/\tau_{jk}^{\mathrm{P}})p_{\mathrm{t}}(\beta_{jjk}^{\mathrm{PP}})^2\mathbb{E}^2\{\varepsilon\}}{I_1'+I_2'+I_3'+I_4'+\sigma^2}\\&=\lim_{M_{\mathrm{P}}\to\infty}\frac{(1/\tau_{jk}^{\mathrm{P}})p_{\mathrm{t}}(\beta_{jjk}^{\mathrm{PP}})^2}{\dfrac{I_1'+I_2'+I_3'+I_4'+\sigma^2}{M_{\mathrm{P}}}}=\frac{(\beta_{jjk}^{\mathrm{PP}})^2}{\sum\limits_{l\neq j}^{L}(\beta_{ljk}^{\mathrm{PP}})^2}\end{aligned} \tag{4.39}$$

因此，每个 PU 的下行链路速率仅受来自相邻小区导频污染的影响。

当 $K_{\mathrm{P}}-K_{\mathrm{T}}+1\leqslant k\leqslant K_{\mathrm{P}}$ 时，式(4.36)可近似为以下形式：

$$\lim_{M_{\mathrm{P}}\to\infty}\mathrm{SINR}_{jk}=\frac{(\beta_{jjk}^{\mathrm{PP}})^2}{\sum\limits_{\substack{l\neq j\\ l\neq 1}}^{L}(\beta_{ljk}^{\mathrm{PP}})^2} \tag{4.40}$$

事实上，式(4.40)类似于式(4.39)，唯一不同的是第一小区不会对其他小区中的 PU 产生干扰。

## 4.5.2 $M_{\mathrm{S}}\to\infty$ 且 $M_{\mathrm{P}}$ 为定值

**1. CN 下行链路速率**

重写第 $n$ 个 CU 的 SINR 如下：

$$\mathrm{SINR}_{1n}=\frac{(1/\tau_{1n}^{\mathrm{S}})p_{1n}(\beta_{11n}^{\mathrm{SS}})^2\mathbb{E}^2\{\vartheta\}}{I_1+I_2+I_3+I_4+\sigma^2} \tag{4.41}$$

从式(4.41)可知，当 $M_{\mathrm{P}}$ 为固定值时，分母为一常数，因此 $\lim\limits_{M_{\mathrm{S}}\to\infty}\frac{I_1+I_2+I_3+I_4+\sigma^2}{M_{\mathrm{S}}}=0$。根据式(4.37)和式(4.38)，可得 $\lim\limits_{M_{\mathrm{S}}\to\infty}\frac{\mathbb{E}^2\{\vartheta\}}{M_{\mathrm{S}}}=1$。因此，当 $M_{\mathrm{S}}\to\infty$ 时，每个 CU 下行链路速率趋于无穷大。

**2. PN 下行链路速率**

当 $k\leqslant K_{\mathrm{P}}-K_{\mathrm{T}}$ 时，重写第 $j$ 个小区中第 $k$ 个 CU 的 SINR，即

$$\mathrm{SINR}_{jk}=\frac{(1/\tau_{jk}^{\mathrm{P}})p_{\mathrm{t}}(\beta_{jjk}^{\mathrm{PP}})^2\mathbb{E}^2\{\varepsilon\}}{I_1'+I_2'+I_3'+I_4'+\sigma^2} \tag{4.42}$$

可以发现式(4.42)与 $M_{\mathrm{S}}$ 之间并没有关系。因此，PU 的 SINR 仅受 $M_{\mathrm{P}}$、PU 和 CU 的发射功率以及导频污染的影响。当 $K_{\mathrm{P}}-K_{\mathrm{T}}+1\leqslant k\leqslant K_{\mathrm{P}}$ 时，很明显式(4.36)中除干扰 $I_4'$，其他所有项均为常数，其表示为

$$
\begin{aligned}
I_4' &= \sum_{\substack{i=K_P-K_T+1\\ n\neq k}}^{K_P} \beta_{1jk}^{PS} P_{1n} + \beta_{1jk}^{PS} P_{1k}\left(\frac{\beta_{1jk}^{PS}}{\tau_{jk}^{S}}\mathbb{E}\{\vartheta^2\}+1-\frac{\beta_{1jk}^{PS}}{\tau_{1k}^{S}}\right)\\
&= \sum_{\substack{i=K_P-K_T+1\\ n\neq k}}^{K_P} \beta_{1jk}^{PS} P_{1n} + \beta_{1jk}^{PS} P_{1k}\left(\frac{\beta_{1jk}^{PS}}{\tau_{jk}^{S}}M_S+1-\frac{\beta_{1jk}^{PS}}{\tau_{1k}^{S}}\right)
\end{aligned}
\tag{4.43}
$$

从式(4.43)可以看出，干扰项 $I_4'$ 随 $M_S$ 的增加而增加，当 $M_S\to\infty$ 时，$I_4'\to\infty$。因此，当 $M_S\to\infty$ 时，每个 PU 的下行链路速率将趋于零。

### 4.5.3 $M_S\to\infty$ 且 $M_P\to\infty$

**1. CN 下行链路速率**

根据式(4.8)，可以得到

$$
\begin{aligned}
\lim_{\substack{M_P\to\infty\\ M_S\to\infty}} \mathrm{SINR}_{1n} &= \lim_{\substack{M_P\to\infty\\ M_S\to\infty}} \frac{(1/\tau_{1n}^{S})P_{1n}(\beta_{11n}^{SS})^2\mathbb{E}^2\{\vartheta\}}{I_1+I_2+I_3+I_4+\sigma^2}\\
&= \lim_{\substack{M_P\to\infty\\ M_S\to\infty}} \frac{(1/\tau_{1n}^{S})P_{1n}(\beta_{11n}^{SS})^2}{\dfrac{I_1+I_2+I_3+I_4+\sigma^2}{M_P}} = \frac{P_{1n}(\beta_{11n}^{SS})^2}{p_t\sum\limits_{j=2}^{L}(\beta_{j1n}^{PS})^2}
\end{aligned}
\tag{4.44}
$$

从式(4.44)可以观察到，每个 CU 的下行链路速率受两个因素影响：PU 和 CU 的发射功率以及导频污染。

**2. PN 下行链路速率**

当 $k\leqslant K_P-K_T$ 时，可以得到

$$
\begin{aligned}
\lim_{\substack{M_P\to\infty\\ M_S\to\infty}} \mathrm{SINR}_{jk} &= \lim_{\substack{M_P\to\infty\\ M_S\to\infty}} \frac{(1/\tau_{jk}^{P})p_t(\beta_{jjk}^{PP})^2\mathbb{E}^2\{\varepsilon\}}{I_1'+I_2'+I_3'+I_4'+\sigma^2}\\
&= \lim_{M_P\to\infty} \frac{(1/\tau_{jk}^{P})p_t(\beta_{jjk}^{PP})^2}{\dfrac{I_1'+I_2'+I_3'+I_4'+\sigma^2}{M_P}}\\
&= \frac{(\beta_{jjk}^{PP})^2}{\sum\limits_{l\neq j}^{L}(\beta_{ljk}^{PP})^2}
\end{aligned}
\tag{4.45}
$$

可以发现，式(4.45)与式(4.36)相同，并且没有来自 CN 的干扰。

当 $K_P-K_T+1\leqslant k\leqslant K_P$ 时，

$$
\lim_{\substack{M_P\to\infty\\ M_S\to\infty}} \mathrm{SINR}_{jk} = \frac{p_t(\beta_{jjk}^{PP})^2}{p_t\sum\limits_{l\neq j}^{L}(\beta_{ljk}^{PP})^2+P_{1k}(\beta_{1jk}^{PS})^2}
\tag{4.46}
$$

显然，PU 的下行链路速率受两个因素影响：PU 和 CU 的发射功率以及导频污染。

根据以上分析，当 PU 和 CU 的发射功率固定时，可以得到以下结论。

(1) 当 PBS 天线数量接近无限大时，所有 CU 下行速率都会受到严重影响。

(2) 当CBS天线数量接近无穷大时，某些PU的下行链路速率(位于相邻小区的PU且使用和第一小区中CU相同的导频)会受到严重影响。

(3) 当CBS和PBS天线的数量同时接近无限大时，CU和PU的下行速率将受到发射功率和导频污染的影响。

因此，对于固定发射功率，CBS天线数量不应比PBS天线数量大很多。否则，根据式(4.43)可能无法保证某些PU的QoS。另外，当PBS天线数量大于CBS天线数量时，根据式(4.35)，由于CU下行链路速率将非常低，因此不应允许CN接入频谱。最后，对于PN和CN，要充分利用有限的时频资源，PBS和CBS天线数量应彼此接近。

上述分析中均未考虑CN的功率控制问题，对于给定的PN传输功率和PBS天线数量，随着CBS天线数量的增加，CN应降低其发射功率以保证PU的QoS。因此，CBS天线的增加可能不会导致CN的速率变化。另外，若CBS的天线数量给定，PBS天线的增加会降低CN的速率，而这允许CN为CU传输更高的功率，因此CN的速率可能不会降低。

# 4.6 仿真结果与讨论

考虑一个由PN($L=3$个PC)和CN(单个CC)组成的mMIMO-CR HetNet。每个PN小区中有4个PU(即$K_P=4$)，SC中有4个CU($K_S=4$)。正交导频的总数为4，并且位于同一PN小区中的PU使用正交导频，不同PN小区复用相同的导频。对于所有PU，假定相同的传输功率$p_t=10$ dB，小区半径(从中心到顶点)为$r_c=1\ 000$ m。假设中心PBS与CBS具有相同的覆盖区域，噪声功率为$-174$ dBm/Hz，总带宽为10 MHz。导频的SNR为5 dB，假设在PN小区中有两个PU处于空闲状态，而其他PN小区中所有PU都处于活跃状态，路径损耗指数为$\alpha=3.8$。

图4.2(a)展示了当所有PU的$\eta=8$ dB时，PBS和CBS在天线数量不同的情况下，CN下行链路总速率与最大传输功率$P_{max}$的关系。可以发现，CN下行链路总速率随着$P_{max}$先增加然后保持稳定，这是因为$\eta$的限制不允许CN传输更高的功率。在达到稳定状态之前，对于相同的$M_S$，当PBS配备天线数量较少时，CN下行链路总速率稍高，这是因为CN可以有效发射所有功率。相反，在达到稳定状态后，对于给定的$M_S$，当PBS配备天线数量较少时，CN下行链路总速率稍低。这是因为PU的SINR随着$M_P$的增加而增加，因此对于给定的$\eta$，CN会发射更高的功率，从而导致更高的下行链路总速率。另外，与$M_S=50$相比，当$M_S=100$时，CN下行链路总速率更高。

本节比较不同约束条件下CN下行链路总速率，当使用SINR约束和传统峰值干扰功率约束[17,18]时，考虑以下等效预处理：根据$\text{SINR}_{jk}\geqslant\eta_{jk}$，可得出由CN引起的干扰项为$I_4'\leqslant\frac{1}{\eta}(1/\tau_{jk}^{P})p_t(\beta_{jjk}^{PP})^2\mathbb{E}^2\{\varepsilon\}-(I_1'+I_2'+I_3'+\sigma^2)$。然后，当$M_P=50$时，定义干扰功率约束

为 $I_{th} \leqslant \frac{1}{\eta}(1/\tau_{jk}^{P}) p_t (\beta_{jjk}^{PP})^2 \mathbb{E}^2\{\varepsilon\} - (I'_1 + I'_2 + I'_3 + \sigma^2)$，即用 $I'_4 \leqslant I_{th}$ 代替约束条件式(4.23c)。图 4.2(b)显示了当所有 PU 的 $\eta$= 8 dB，PBS 和 CBS 的天线数量不同时，CN 下行链路总速率与最大发射功率 $P_{max}$ 的关系。可以发现，当 $P_{max} \leqslant 14$ 时，两种方案下的 CN 下行链路总速率相同。但是，当 $P_{max} \geqslant 14$ 时，与传统峰值干扰功率约束相比，SINR 约束下的 CN 下行总速率更高。实际上，对于传统的峰值干扰功率约束，PBS 天线的数量不会影响 CN 的发射功率。相反，PU 的 SINR 与 PBS 天线数量有关，PBS 天线越多，SINR 更高。因此，对于给定的 $\eta$，将允许 CN 为大量 PBS 天线传输更高的功率，从而提高 CU 的速率。因此，通过使用 SINR 约束，对于较高的 $P_{max}$，可以实现较高的 CN 的速率，并且性能可以提高大约 10%。

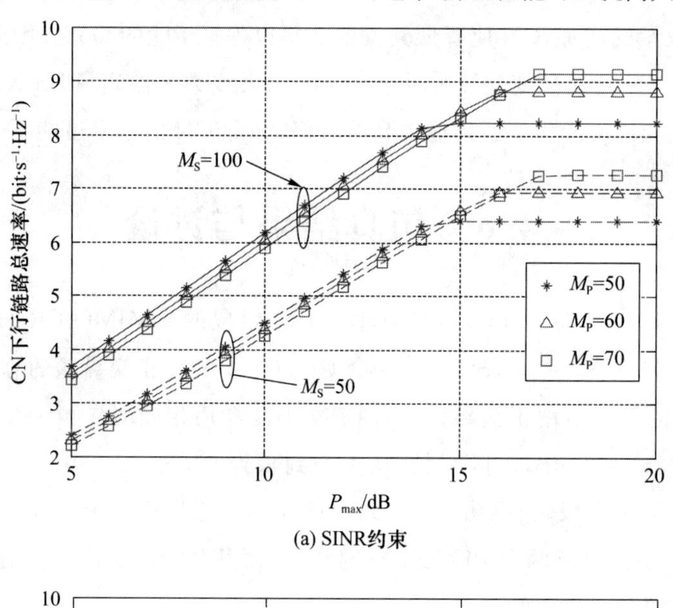


(a) SINR约束

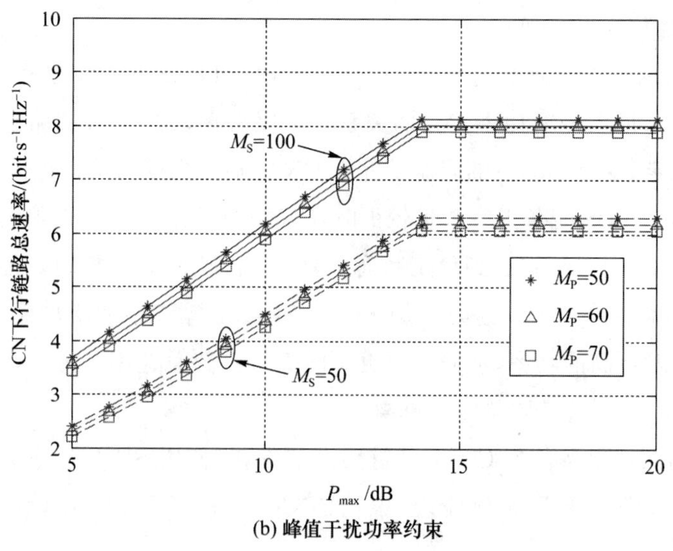


(b) 峰值干扰功率约束

图 4.2 CN 下行链路总速率随 $P_{max}$ 的变化($\eta$=8 dB)

图 4.3 分别展示了 CN 下行链路总速率和其总发射功率随 $M_S$ 的变化情况。从图 4.3(a)中可以发现,CN 下行链路总速率先增加后保持稳定,图 4.2(b)已解释了类似原因。另外,CBS 天线数量越多,下行链路速率越高。相反,CBS 天线数越多,对 PN 的干扰越强。为保证 PU 的 QoS,CN 必须降低其传输功率,如图 4.3(a)所示。因此,CN 总发射功率随 $M_S$ 的增加而降低,但是由于 CBS 天线数量的增加,CN 下行链路总速率并未降低。

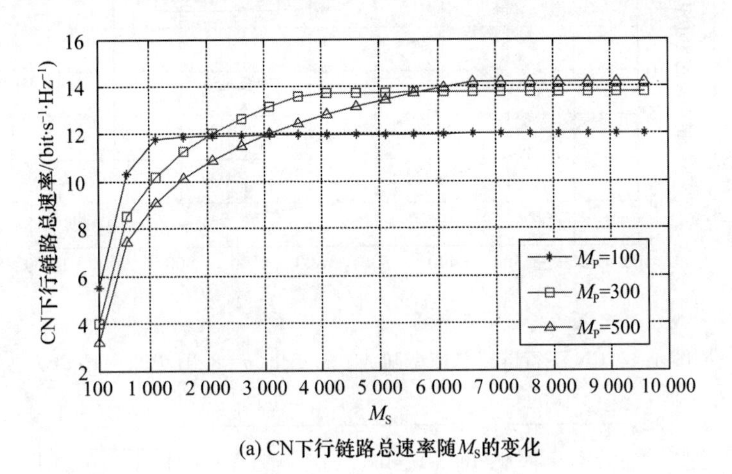


(a) CN下行链路总速率随$M_S$的变化

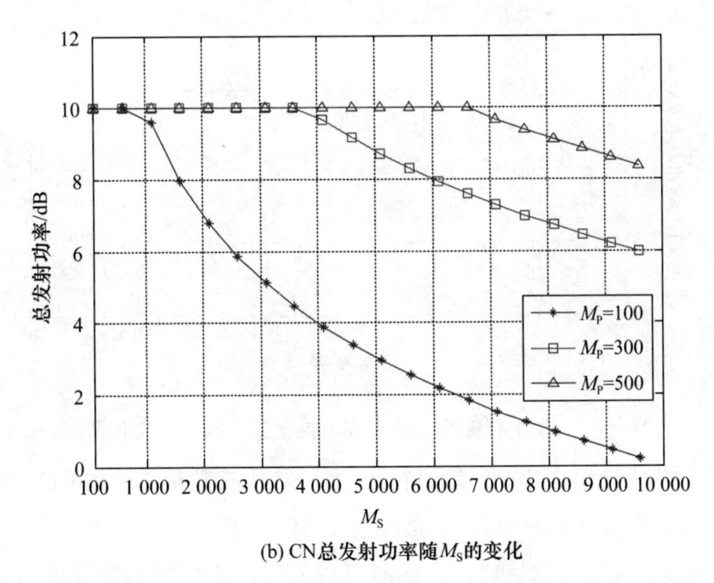


(b) CN总发射功率随$M_S$的变化

图 4.3 CN 下行链路总速率和总发射功率随 $M_S$ 的变化($\eta$=8 dB,$P_{max}$=10 dB)

图 4.4 显示了在不同 $M_S$ 情况下 CN 下行链路总速率与 $M_P$ 的关系。对于给定的 $M_S$,可以发现 CN 下行链路总速率随 $M_P$ 的增加而降低。图 4.5 展示了当 $M_S$= 100 时,$\eta$ 在不同 $M_P$ 下对 CN 下行链路总速率的影响。对于较大的 $M_P$(如 $M_P$=200),当 $P_{max}$= 13 dB、14 dB和 15 dB 时,对于给定的 $\eta$(7～10 dB),PU 的 SINR 较高。因此,对于给定的总发射功率,CN 下行链路总速率不变。但是,对于较小的 $M_P$(如 $M_P$=100),PU 的 SINR 较低。

为了保证 PU 的 QoS,不允许 CN 以更大的 $\eta$ 传输更高的功率。因此,CN 下行链路总速率将减小。

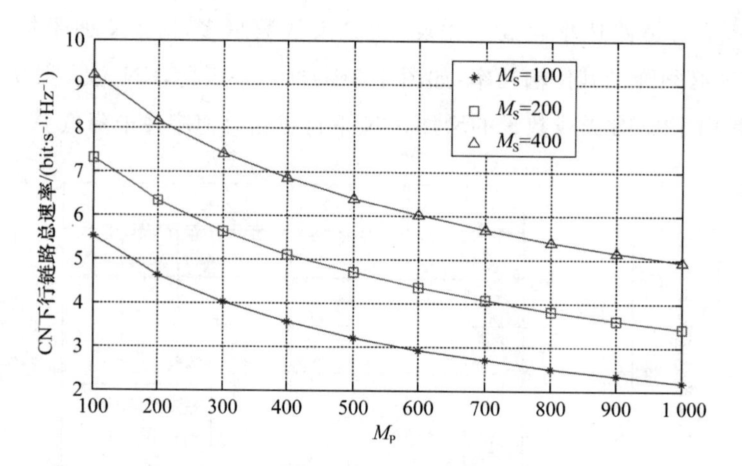


图 4.4　CN 下行链路总速率随 $M_P$ 的变化($\eta$=8 dB,$P_{max}$=10 dB)

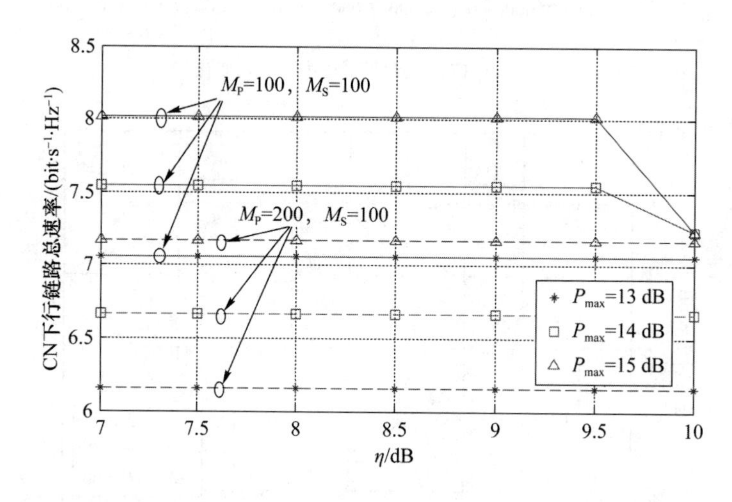


图 4.5　CN 下行链路总速率在不同干扰门限下的变化情况

图 4.6 和图 4.7 假设每个 PC 中有 8 个 PU,而 SC 中有数量不等的 CU。图 4.6 显示了当 $M_P$=300 时 CN 的下行链路总速率与 $M_S$ 的关系,图例“3 CU”表示 3 个 CU 共享主导频,类似于图 4.3(a),其总速率先增大然后稳定。同时可以发现,当更多的 CU 共享主导频时,总速率增加,但是由于总发射功率固定,增加的比率降低。在图 4.7 中,考虑了 $M_S$= 200 和 SINR 约束的情况。与图 4.4 相似,总速率随 $M_P$ 的增加而降低,随有效 CU 数量的增加而增加。

图 4.8 展示了 CN 下行链路总速率与迭代次数的关系,设置 $M_S$=100,$M_P$= 50,$\eta$= 8 dB。这里比较了不同发射功率 $P_{max}$ 下的收敛速度,对于低 $P_{max}$,可以发现总速率迅速收敛。例如,$P_{max}$=5 dB 时,需要进行 4 次迭代以达到收敛。随着 $P_{max}$ 的增加,收敛变慢。当 $P_{max}$= 15 dB 时,大约需要 15 次迭代。因此,$P_{max}$ 影响收敛性能。

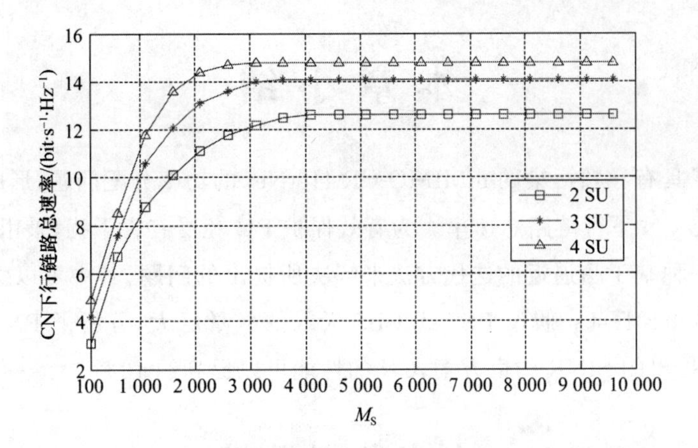


图 4.6 CN 下行链路总速率在不同 CU 下随 $M_S$ 的变化情况

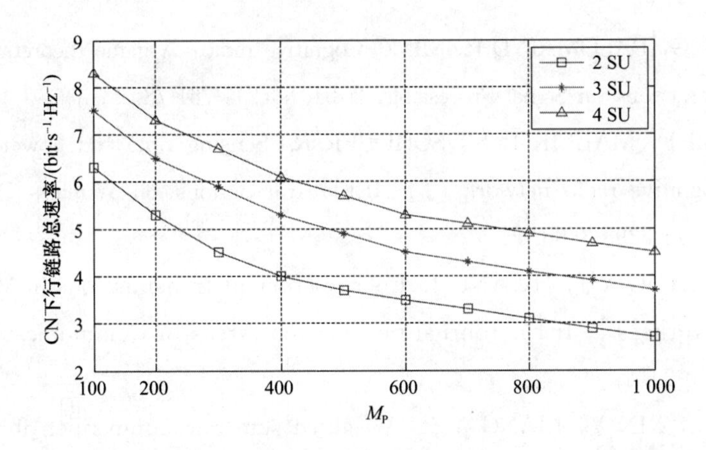


图 4.7 CN 下行链路总速率在不同 CU 下随 $M_P$ 的变化情况

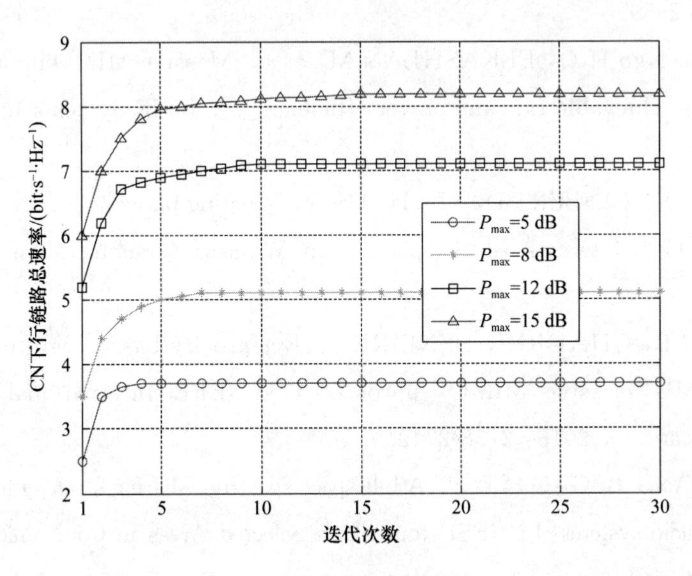


图 4.8 所提算法迭代图

# 本章小结

本章研究了具有导频污染的 mMIMO-CR HetNet 的功率分配问题，形成了功率分配优化问题以最大化 CN 下行链路总速率。为有效保护 PU 免受有害干扰，采用了 PU 的 SINR 约束。提出了一种基于凸逼近的迭代方法来解决所提出的问题，其中可以保证所获得的解满足原始问题的 KKT 点。假设 PBS 或 CBS 天线的数量巨大，分析了 PN 和 CN 的性能。结果表明，通过提出的 SINR 约束方案，CN 的性能可以提高约 10%。

# 本章参考文献


[1] SCUTARI G, PALOMAR D P. MIMO Cognitive radio: A game theoretical approach[J]. IEEE Transactions on Signal Processing, 2010, 58(2): 761-780.

[2] MOGHIMI F, MALLIK R K, SCHOBER R. Sensing time and power optimization in MIMO cognitive radio networks[J]. IEEE Transactions on Wireless Communications, 2012, 11(9): 3398-3408.

[3] FU L, ZHANG Y J, HUANG J. Energy efficient transmissions in MIMO cognitive radio networks[J]. IEEE Journal on Selected Areas in Communications, 2013, 31(11): 2420-2431.

[4] ZHANG L, XIN Y, LIANG Y C. Weighted sum rate optimization for cognitive radio MIMO broadcast channels[J]. IEEE Transactions on Wireless Communications, 2009, 8(6): 2950-2959.

[5] WANG L, Ngo H Q, ELKASHLAN M, et al. Massive MIMO in spectrum sharing networks: achievable rate and power efficiency[J]. IEEE Systems Journal, 2017, 11(1): 20-31.

[6] FILIPPOU M, GESBERT D, YIN H. Decontaminating pilots in cognitive massive MIMO networks[C]. International Symposium on Wireless Communication Systems, 2012: 816-820.

[7] KOUASSI B, GHAURI I, DENEIRE L. Reciprocity-based cognitive transmissions using a MU massive MIMO approach[C]. IEEE International Conference on Communications, 2013: 2738-2742.

[8] XIE H, WANG B, GAO F, et al. A full-space spectrum-sharing strategy for massive MIMO cognitive radio systems[J]. IEEE Journal on Selected Areas in Communications, 2016, 34(10): 2537-2549.

[9] NGUYEN T, HA V, LE L. Resource allocation optimization in multi-user multi-cell massive MIMO networks considering pilot contamination[J]. IEEE Access, 2015, 3: 1272-1287.

[10] WANG W, YU G, HUANG A. Cognitive radio enhanced interference coordination for femtocell networks[J]. IEEE Communication Magazine, 2013, 51(6): 37-43.

[11] KHAN F A, MASOUROS C, RATNARAJAH T. Interference-driven linear precoding in multiuser MISO downlink cognitive radio network[J]. IEEE Transactions on Vehicular Technology, 2012, 61(6): 2531-2543.

[12] NOH J H, OH S J. Beamforming in a multi-user cognitive radio system with partial channel state information[J]. IEEE Transactions on Wireless Communications, 2013, 12(2): 616-625.

[13] PAPANDRIOPOULOS J, EVANS J S. SCALE: A low-complexity distributed protocol for spectrum balancing in multiuser DSL networks[J]. IEEE Transactions on Information Theory, 2009, 55(8): 3711-3724.

[14] YIN H F, GESBERT D, FILIPPOU M, et al. A coordinated approach to channel estimation in large-scale multiple-antenna systems[J]. IEEE Journal on Selected Areas in Communications, 2012, 31(2): 264-273.

[15] MOKHTARI Z, SABBAGHIAN M, DINIS R. Massive MIMO downlink based on single carrier frequency domain processing[J]. IEEE Transactions on Communications, 2018, 66(3): 1164-1175.

[16] DANG W B, TAO M X, MU H, et al. Subcarrier-pair based resource allocation for cooperative AF multi-relay OFDM systems[J]. IEEE Transactions on Wireless Communications, 2009, 9(5): 1640-1649.

[17] FAN R, JIANG H. Optimal multi-channel cooperative sensing in cognitive radio networks[J]. IEEE Transactions on Wireless Communications, 2010, 9(3): 1128-1138.

[18] ZHANG R. On peak versus average interference power constraints for protecting primary users in cognitive radio networks[J]. IEEE Transactions on Wireless Communications, 2009, 8(4): 2112-2120.

[19] CUI S, GOLDSMITH A J, BAHAI A. Energy-constrained modulation optimization[J]. IEEE Transactions on Wireless Communications, 2005, 4(5): 2349-2360.

[20] KANG X. Optimal power allocation for Bi-directional cognitive radio networks with fading channels[J]. IEEE Wireless Communications Letters, 2013, 2(5): 567-570.

[21] BOYD S, VANDENBERGHE L. Convex Optimization[M]. Cambridge: Cambridge University Press, 2004.

[22] MARKS B R, WRIGHT G P. A general inner approximation algorithm for non-convex mathematical programs[J]. Operations Research, 1978, 26(4): 681-683.

# 第5章　SC型大规模MIMO异构网络的导频资源优化

## 5.1　引　　言

第3章和第4章考虑了由mMIMO和CR所形成的一个包括PN和CN的mMIMO-CR异构网络。从本章开始，将考虑SC型mMIMO异构网络的资源分配问题。众所周知，在TDD数据传输模式中，由于相干时间较短，用于信道估计的正交导频数量是有限的[1-3]。如果为所有SU和MU提供正交导频，则会产生巨大的导频开销，从而降低了数据传输效率。但是，当任意两个SC的覆盖区域不重叠并且它们的距离相对较大时，这两个SC中的用户可以采用相同的导频[1,3]。即使在这种情况下，从MBS到SU的下行链路中仍然会发生层间干扰，并严重影响SC的可达速率。因此，为减少层间干扰，需要在最小化上行链路导频开销的同时，估计MBS和SU间链路的信道状态信息以实现最优资源分配，从而提高系统性能。

本章针对一个两层TDD mMIMO-SC异构网络提出了一种新的导频资源分配方案，该方案允许部分SC使用正交导频。在最大化MU和SU的遍历下行速率的同时，考虑了上行链路的导频开销和层间干扰。与文献[1]和文献[3]中的工作不同，本章所提出的方案使MBS不仅可以估计MBS-MU链路的CSI，还可以通过ZF等技术的下行链路波束成形来减少从MBS到SU的层间干扰。

## 5.2　系 统 模 型

考虑如图5.1所示的下行mMIMO-SC异构网络系统，其中$K$个SC与MC共享相同的时频资源。每个SC中的SBS配备$N_S$根天线，每个SBS每次服务一个单天线SU。MC拥有一个配备$N_M$根天线的MBS，MBS同时服务$M(N_M \gg M)$个单天线MU。我们假设两层mMIMO-SC异构网络在TDD模式下运行，并且上行导频和下行数据传输在两层中都是完全同步的，本章中两层分别是指MC和SC两个小区层。为简单起见，我们用SU $k$表示第$k$个SC中的SU。

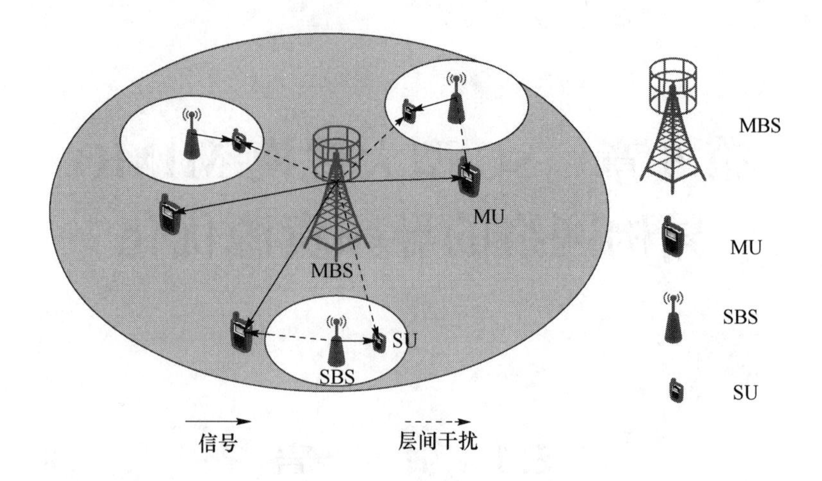


图 5.1　SC 型大规模 MIMO 异构网络

MU $m$ 接收的信号可以表示为

$$
\begin{aligned}
y_m^{\mathrm{M}} &= \sum_{i=1}^{M} \sqrt{P_{\mathrm{M}}\beta_{0,m}^{\mathrm{M,M}}}\boldsymbol{h}_{0,m}^{\mathrm{M,M}}\boldsymbol{w}_i x_i + \sum_{k=1}^{K} \sqrt{P_{\mathrm{S}}\beta_{k,m}^{\mathrm{S,M}}}\boldsymbol{h}_{k,m}^{\mathrm{S,M}}\boldsymbol{v}_k s_k + n_m^{\mathrm{M}} \\
&= \underbrace{\sqrt{P_{\mathrm{M}}\beta_{0,m}^{\mathrm{M,M}}}\boldsymbol{h}_{0,m}^{\mathrm{M,M}}\boldsymbol{w}_m x_m}_{\text{所需信号}} + \underbrace{\sum_{i=1,i\neq m}^{M} \sqrt{P_{\mathrm{M}}\beta_{0,m}^{\mathrm{M,M}}}\boldsymbol{h}_{0,m}^{\mathrm{M,M}}\boldsymbol{w}_i x_i}_{\text{层间干扰}} + \\
&\quad \underbrace{\sum_{k=1}^{K} \sqrt{P_{\mathrm{S}}\beta_{k,m}^{\mathrm{S,M}}}\boldsymbol{h}_{k,m}^{\mathrm{S,M}}\boldsymbol{v}_k s_k}_{\text{层间干扰}} + \underbrace{n_m^{\mathrm{M}}}_{\text{噪声}}
\end{aligned}
\tag{5.1}
$$

假设每个 SBS 拥有相同的发射功率，$P_{\mathrm{M}}$ 和 $\boldsymbol{w}_i$ 分别表示 MBS 处 MU $i$ 的传输功率和 $N_{\mathrm{M}}\times 1$ 预编码向量，$P_{\mathrm{S}}$ 和$\boldsymbol{v}_k$ 分别表示 SBS $k$ 的发射功率和 $N_{\mathrm{S}}\times 1$ 预编码向量。$x_i$ 和 $s_i$ 分别表示 MU $i$ 和 SU $i$ 的发送数据，$n_m^{\mathrm{M}}$ 表示满足 $\mathrm{CN}(0,\delta^2)$ 的 AWGN。$\beta_{a,b}^{\mathrm{A,B}}$和 $\boldsymbol{h}_{a,b}^{\mathrm{A,B}}$$(a,b\in\{0,1,\cdots,\max\{M,K\}\},\mathrm{A,B}\in\{\mathrm{M,S}\})$是 MBS$(a=0,\mathrm{A}=\mathrm{M})$或 SBS $a(a\neq 0,\mathrm{A}=\mathrm{S})$与 MU $b(\mathrm{B}=\mathrm{M})$或 SU $b(\mathrm{B}=\mathrm{S})$之间的大规模衰落系数和小尺度衰落向量，其中 $\boldsymbol{h}_{0,b}^{\mathrm{M,B}}\in\mathbb{C}^{1\times N_{\mathrm{M}}}$，$\boldsymbol{h}_{a,b}^{\mathrm{S,B}}\in\mathbb{C}^{1\times N_{\mathrm{S}}}$，且 $\boldsymbol{h}_{0,b}^{\mathrm{M,B}}\sim\mathcal{CN}(\boldsymbol{0}_{N_{\mathrm{M}}},\boldsymbol{I}_{N_{\mathrm{M}}})$，$\boldsymbol{h}_{a,b}^{\mathrm{S,B}}\sim\mathcal{CN}(\boldsymbol{0}_{N_{\mathrm{S}}},\boldsymbol{I}_{N_{\mathrm{S}}})$。

类似地，SU $k$ 处的接收信号可以写成

$$
\begin{aligned}
y_k^{\mathrm{S}} &= \sum_{i=1}^{K} \sqrt{P_{\mathrm{S}}\beta_{i,k}^{\mathrm{S,S}}}\boldsymbol{h}_{i,k}^{\mathrm{S,S}}\boldsymbol{v}_i s_i + \sum_{m=1}^{M} \sqrt{P_{\mathrm{M}}\beta_{0,k}^{\mathrm{M,S}}}\boldsymbol{h}_{0,k}^{\mathrm{M,S}}\boldsymbol{w}_m x_m + n_k^{\mathrm{S}} \\
&= \underbrace{\sqrt{P_{\mathrm{S}}\beta_{k,k}^{\mathrm{S,S}}}\boldsymbol{h}_{k,k}^{\mathrm{S,S}}\boldsymbol{v}_k s_k}_{\text{所需信号}} + \underbrace{\sum_{i=1,i\neq k}^{K} \sqrt{P_{\mathrm{S}}\beta_{i,k}^{\mathrm{S,S}}}\boldsymbol{h}_{i,k}^{\mathrm{S,S}}\boldsymbol{v}_i s_i}_{\text{层间干扰}} + \\
&\quad \underbrace{\sum_{m=1}^{M} \sqrt{P_{\mathrm{M}}\beta_{0,k}^{\mathrm{M,S}}}\boldsymbol{h}_{0,k}^{\mathrm{M,S}}\boldsymbol{w}_m x_m}_{\text{层间干扰}} + \underbrace{n_k^{\mathrm{S}}}_{\text{噪声}}
\end{aligned}
\tag{5.2}
$$

其中，$n_k^{\mathrm{S}}$ 表示 AWGN。

# 5.3 最大化系统遍历速率的波束和导频资源优化问题

本节首先求得 MU 和 SU 下行速率的下限，然后构建波束和导频分配问题以最大化遍历下行链路速率，最后提出一种导频分配资源优化方法。

## 5.3.1 MU 和 SU 的遍历下行速率

首先，假设任何两个 SC 的覆盖区域都是不重叠的，并且不同 SC 之间的距离足够大（可以忽略它们的导频干扰），因此同一导频在所有 SC 中都可以重用。同时，MC 使用另一组与 SC 导频相互正交的导频。然后，可以得出 MU $m$ 和 SU $k$ 的遍历下行速率，即

$$R_m^{\mathrm{M}}=\left(1-\frac{1+M}{S}\right)\mathbb{E}\ \{\log_2(1+\mathrm{SINR}_m^{\mathrm{M}})\} \tag{5.3}$$

$$R_k^{\mathrm{S}}=\left(1-\frac{1+M}{S}\right)\mathbb{E}\ \{\log_2(1+\mathrm{SINR}_k^{\mathrm{S}})\} \tag{5.4}$$

其中："1"和 $M$ 表示一个正交导频符号被所有 SC 共享，并且 $M$ 个正交导频符号被唯一地分配给 $M$ 个 MU；$S$ 表示每帧的传输符号总数，符号持续时间为 $T$，每帧持续时间为 $ST$。

$$\mathrm{SINR}_m^{\mathrm{M}}=\frac{P_{\mathrm{M}}\beta_{0,m}^{\mathrm{M,M}}\left|\boldsymbol{h}_{0,m}^{\mathrm{M,M}}\boldsymbol{w}_m\right|^2}{\sum\limits_{i=1,i\neq m}^{M}P_{\mathrm{M}}\beta_{0,m}^{\mathrm{M,M}}\left|\boldsymbol{h}_{0,m}^{\mathrm{M,M}}\boldsymbol{w}_i\right|^2+\sum\limits_{k=1}^{K}P_{\mathrm{S}}\beta_{k,m}^{\mathrm{S,M}}\left|\boldsymbol{h}_{k,m}^{\mathrm{S,M}}\boldsymbol{v}_k\right|^2+\delta^2} \tag{5.5}$$

$$\mathrm{SINR}_k^{\mathrm{S}}=\frac{P_{\mathrm{S}}\beta_{k,k}^{\mathrm{S,S}}\left|\boldsymbol{h}_{k,k}^{\mathrm{S,S}}\boldsymbol{v}_k\right|^2}{\sum\limits_{i=1,i\neq k}^{K}P_{\mathrm{S}}\beta_{i,k}^{\mathrm{S,S}}\left|\boldsymbol{h}_{i,k}^{\mathrm{S,S}}\boldsymbol{v}_i\right|^2+\sum\limits_{m=1}^{M}P_{\mathrm{S}}\beta_{0,k}^{\mathrm{M,S}}\left|\boldsymbol{h}_{0,k}^{\mathrm{M,S}}\boldsymbol{w}_m\right|^2+\delta^2} \tag{5.6}$$

对于 MU，我们在 MBS 处采用 ZF 预编码方案，首先定义 $\boldsymbol{H}=((\boldsymbol{h}_{0,1}^{\mathrm{M,M}})^{\mathrm{T}},(\boldsymbol{h}_{0,2}^{\mathrm{M,M}})^{\mathrm{T}},\cdots,(\boldsymbol{h}_{0,M}^{\mathrm{M,M}})^{\mathrm{T}})^{\mathrm{T}}$，然后可得

$$\overline{\boldsymbol{W}}=\boldsymbol{H}^{\mathrm{H}}\ (\boldsymbol{H}\boldsymbol{H}^{\mathrm{H}})^{-1} \tag{5.7}$$

预编码向量 $\boldsymbol{w}_m$ 可以定义为 $\boldsymbol{w}_m=\overline{\boldsymbol{w}}_m/\|\overline{\boldsymbol{w}}_m\|$，其中 $\overline{\boldsymbol{w}}_m$ 是 $\overline{\boldsymbol{W}}$ 的第 $m$ 列向量。对于 SU，由于每个 SC 每次只服务一个 SU，因此我们在 SBS 处应用 MF 预编码方案：$\boldsymbol{v}_k=\boldsymbol{h}_{k,k}^{\mathrm{S,S^H}}/\|\boldsymbol{h}_{k,k}^{\mathrm{S,S^H}}\|$。

然后可以得到以下定理。

**定理 5.1** MU $m$ 和 SU $k$ 的下行链路可达速率的下限为

$$\underline{R}_m^{\mathrm{M}}=\left(1-\frac{1+M}{S}\right)\log_2\left(1+\frac{P_{\mathrm{M}}\beta_{0,m}^{\mathrm{M,M}}(N_{\mathrm{M}}-M)}{\sum\limits_{k=1}^{K}P_{\mathrm{S}}\beta_{k,m}^{\mathrm{S,M}}+\delta^2}\right) \tag{5.8}$$

$$\underline{R}_k^{\mathrm{S}}=\left(1-\frac{1+M}{S}\right)\log_2\left(1+\frac{P_{\mathrm{S}}\beta_{k,k}^{\mathrm{S,S}}(N_{\mathrm{S}}-1)}{\sum\limits_{m=1}^{M}P_{\mathrm{M}}\beta_{0,k}^{\mathrm{M,S}}+\sum\limits_{i=1,i\neq k}^{K}P_{\mathrm{S}}\beta_{i,k}^{\mathrm{S,S}}+\delta^2}\right) \tag{5.9}$$

**证明**:在进行 ZF 预编码之后,MU $m$ 的 SINR 可以写成

$$\mathrm{SINR}_m^{\mathrm{M}} = \frac{P_{\mathrm{M}}\beta_{0,m}^{\mathrm{M,M}} \left| \boldsymbol{h}_{0,m}^{\mathrm{M,M}} \boldsymbol{w}_m \right|^2}{\sum_{k=1}^{K} P_{\mathrm{S}}\beta_{k,m}^{\mathrm{S,M}} \left| \boldsymbol{h}_{k,m}^{\mathrm{S,M}} \boldsymbol{v}_k \right|^2 + \delta^2} \tag{5.10}$$

根据詹森不等式和$\log_2\left(1+\frac{1}{x}\right)$的凸性,我们可以得到如下结果:

$$R_m^{\mathrm{M}} \geqslant \underline{R}_m^{\mathrm{M}} \stackrel{\Delta}{=} \left(1-\frac{1+M}{S}\right)\log_2\left(1+\left(\mathbb{E}\left\{\frac{1}{\mathrm{SINR}_m^{\mathrm{M}}}\right\}\right)^{-1}\right) \tag{5.11}$$

其中

$$\begin{aligned}
\mathbb{E}\left\{\frac{1}{\mathrm{SINR}_m^{\mathrm{M}}}\right\} &= \mathbb{E}\left\{\frac{\sum_{k=1}^{K} P_{\mathrm{S}}\beta_{k,m}^{\mathrm{S,M}} \left| \boldsymbol{h}_{k,m}^{\mathrm{S,M}} \boldsymbol{v}_k \right|^2 + \delta^2}{P_{\mathrm{M}}\beta_{0,m}^{\mathrm{M,M}} \left| \boldsymbol{h}_{0,m}^{\mathrm{M,M}} \boldsymbol{w}_m \right|^2}\right\} \\
&= \left(\sum_{k=1}^{K} P_{\mathrm{S}}\beta_{k,m}^{\mathrm{S,M}} \mathbb{E} \left| \boldsymbol{h}_{k,m}^{\mathrm{S,M}} \boldsymbol{v}_k \right|^2 + \delta^2\right) \mathbb{E}\left\{\frac{1}{P_{\mathrm{M}}\beta_{0,m}^{\mathrm{M,M}} \left| \boldsymbol{h}_{0,m}^{\mathrm{M,M}} \boldsymbol{w}_m \right|^2}\right\} \\
&= \left(\sum_{k=1}^{K} P_{\mathrm{S}}\beta_{k,m}^{\mathrm{S,M}} \mathbb{E}\left\{\frac{\boldsymbol{h}_{k,k}^{\mathrm{S,S}}}{\left\| \boldsymbol{h}_{k,k}^{\mathrm{S,S^H}} \right\|} \boldsymbol{h}_{k,m}^{\mathrm{S,M^H}} \boldsymbol{h}_{k,m}^{\mathrm{S,M}} \frac{\boldsymbol{h}_{k,k}^{\mathrm{S,S^H}}}{\left\| \boldsymbol{h}_{k,k}^{\mathrm{S,S^H}} \right\|}\right\} + \delta^2\right) \\
&\quad \frac{1}{P_{\mathrm{M}}\beta_{0,m}^{\mathrm{M,M}}} \mathbb{E}\left\{\left| \boldsymbol{h}_{0,m}^{\mathrm{M,M}} \frac{\overline{\boldsymbol{w}}_m}{\left\| \overline{\boldsymbol{w}}_m \right\|} \right|^{-2}\right\}
\end{aligned} \tag{5.12}$$

由 $\boldsymbol{h}_{k,k}^{\mathrm{S,S}}$与 $\boldsymbol{h}_{k,m}^{\mathrm{S,M}}$相互独立得

$$\mathbb{E}\left\{\frac{\boldsymbol{h}_{k,k}^{\mathrm{S,S}}}{\left\| \boldsymbol{h}_{k,k}^{\mathrm{S,S^H}} \right\|} \boldsymbol{h}_{k,m}^{\mathrm{S,M^H}} \boldsymbol{h}_{k,m}^{\mathrm{S,M}} \frac{\boldsymbol{h}_{k,k}^{\mathrm{S,S^H}}}{\left\| \boldsymbol{h}_{k,k}^{\mathrm{S,S^H}} \right\|}\right\} = 1$$

然后可得

$$\begin{aligned}
\mathbb{E}\left\{\left| \boldsymbol{h}_{0,m}^{\mathrm{M,M}} \frac{\overline{\boldsymbol{w}}_m}{\left\| \overline{\boldsymbol{w}}_m \right\|} \right|^{-2}\right\} &= \mathbb{E}\left\{\left\| \overline{\boldsymbol{w}}_m \right\|^{-2}\right\} = \mathbb{E}\left\{\left[(\boldsymbol{H}\boldsymbol{H}^{\mathrm{H}})^{-1}\right]_{m,m}\right\} \\
&= \frac{1}{M}\mathbb{E}\left\{\mathrm{tr}\{(\boldsymbol{H}\boldsymbol{H}^{\mathrm{H}})^{-1}\}\right\} \overset{(a)}{=} \frac{1}{N_{\mathrm{M}}-M}
\end{aligned} \tag{5.13}$$

其中,(a)引自参考文献[4]:

$$\mathbb{E}\left\{\mathrm{tr}(\boldsymbol{W}^{-1})\right\} = \frac{m}{n-m} \tag{5.14}$$

其中,$\boldsymbol{W} \sim \mathscr{W}_m(n, \boldsymbol{I}_n)$是具有 $n(n>m)$个自由度的 $m\times n$ 中心威希特复矩阵。然后我们可以得到

$$\mathbb{E}\left\{\frac{1}{\mathrm{SINR}_m^{\mathrm{M}}}\right\} = \frac{\sum_{k=1}^{K} P_{\mathrm{S}}\beta_{k,m}^{\mathrm{S,M}} + \delta^2}{P_{\mathrm{M}}\beta_{0,m}^{\mathrm{M,M}}(N_M - M)} \tag{5.15}$$

证毕。

类似的,可得式(5.9)的证明如下:

$$R_k^{\mathrm{S}} \geqslant \underline{R}_k^{\mathrm{S}} \stackrel{\Delta}{=} \left(1-\frac{1+M}{S}\right)\log_2\left(1+\left(\mathbb{E}\left\{\frac{1}{\mathrm{SINR}_k^{\mathrm{S}}}\right\}\right)^{-1}\right) \tag{5.16}$$

然后可得

$$\mathbb{E}\left\{\frac{1}{\mathrm{SINR}_k^{\mathrm{S}}}\right\}=\mathbb{E}\left\{\frac{\sum_{i\neq k}^{K}P_{\mathrm{S}}\beta_{i,k}^{\mathrm{S,S}}\left|\boldsymbol{h}_{i,k}^{\mathrm{S,S}}\boldsymbol{v}_i\right|^2+\sum_{m=1}^{M}P_{\mathrm{M}}\beta_{0,k}^{\mathrm{M,S}}\left|\boldsymbol{h}_{0,k}^{\mathrm{M,S}}\boldsymbol{w}_m\right|^2+\delta^2}{P_{\mathrm{S}}\beta_{k,k}^{\mathrm{S,S}}\left|\boldsymbol{h}_{k,k}^{\mathrm{S,S}}\boldsymbol{v}_k\right|^2}\right\}$$

$$=\Big(\sum_{i\neq k}^{K}P_{\mathrm{S}}\beta_{i,k}^{\mathrm{S,S}}\mathbb{E}\left\{\frac{\boldsymbol{h}_{i,i}^{\mathrm{S,S}}}{\|\boldsymbol{h}_{i,i}^{\mathrm{S,S^H}}\|}\boldsymbol{h}_{i,k}^{\mathrm{S,S^H}}\boldsymbol{h}_{k,m}^{\mathrm{S,S}}\frac{\boldsymbol{h}_{i,i}^{\mathrm{S,S^H}}}{\|\boldsymbol{h}_{i,i}^{\mathrm{S,S^H}}\|}\right\}+$$

$$\sum_{m=1}^{M}P_{\mathrm{M}}\beta_{0,k}^{\mathrm{M,S}}\mathbb{E}\left\{\frac{\overline{\boldsymbol{w}}_m^{\mathrm{H}}}{\|\overline{\boldsymbol{w}}_m\|}\boldsymbol{h}_{0,k}^{\mathrm{M,S^H}}\boldsymbol{h}_{0,k}^{\mathrm{M,S}}\frac{\overline{\boldsymbol{w}}_m}{\|\overline{\boldsymbol{w}}_m\|}\right\}+\delta^2\Big)$$

$$\frac{1}{P_{\mathrm{S}}\beta_{k,k}^{\mathrm{S,S}}}\mathbb{E}\left\{\left(\frac{\boldsymbol{h}_{k,k}^{\mathrm{S,S}}}{\|\boldsymbol{h}_{k,k}^{\mathrm{S,S^H}}\|}\boldsymbol{h}_{k,k}^{\mathrm{S,M^H}}\boldsymbol{h}_{k,k}^{\mathrm{S,M}}\frac{\boldsymbol{h}_{k,k}^{\mathrm{S,S^H}}}{\|\boldsymbol{h}_{k,k}^{\mathrm{S,S^H}}\|}\right)^{-1}\right\}$$

$$=\Big(\sum_{i\neq k}^{K}P_{\mathrm{S}}\beta_{i,k}^{\mathrm{S,S}}+P_{\mathrm{S}}\beta_{k,k}^{\mathrm{S,S}}+\delta^2\Big)\frac{1}{P_{\mathrm{S}}\beta_{k,k}^{\mathrm{S,S}}}\mathbb{E}\left\{\|\boldsymbol{h}_{k,k}^{\mathrm{S,S}}\|^{-2}\right\}$$

$$=\frac{1}{P_{\mathrm{S}}\beta_{k,k}^{\mathrm{S,S}}(N_{\mathrm{S}}-1)}\Big(\sum_{i\neq k}^{K}P_{\mathrm{S}}\beta_{i,k}^{\mathrm{S,S}}+P_{\mathrm{S}}\beta_{k,k}^{\mathrm{S,S}}+\delta^2\Big)\tag{5.17}$$

证毕。

基于上述分析可以看出,SU 受到 MBS 的层间干扰的严重影响。为了抑制从 MBS 到 SU 下行链路中的层间干扰,MBS 需要知道 MBS-SU 链路的 CSI 以及有关自己小区中 MU 的 CSI。然而,将正交导频分配给所有 MU 和所有 SU 是不可行的解决方案。为获得系统的最佳性能,我们提出了一种新的导频分配方案,该方案允许一部分 SU 使用正交导频。详细说明如下。

## 5.3.2 问题表述

假设存在 $K_{\mathrm{O}}$ 个 SU 使用正交导频,其中 $K_{\mathrm{O}}(0\leqslant K_{\mathrm{O}}\leqslant K)$需要通过优化,使遍历下行链路速率最大化。我们将 $K$ 个 SU 表示为 $\mathcal{K}=\{1,2,\cdots,K\}$, $K_{\mathrm{O}}$ 个 SU 为 $\mathcal{K}_{\mathrm{O}}=\{\theta_1,\theta_2,\cdots,\theta_{K_{\mathrm{O}}}\}$,其他 $K-K_{\mathrm{O}}$ 个 SU 为 $\mathcal{K}_{\mathrm{S}}=\{\vartheta_1,\vartheta_2,\cdots,\vartheta_{K_{\mathrm{S}}}\}$,其中 $\mathcal{K}_{\mathrm{O}}\cup\mathcal{K}_{\mathrm{S}}=\mathcal{K}$,$\mathcal{K}_{\mathrm{O}}\cap\mathcal{K}_{\mathrm{S}}=\varnothing$,$K_{\mathrm{O}}=0$ 时 $\mathcal{K}_{\mathrm{O}}=\varnothing$,$K_{\mathrm{S}}=0$ 时 $\mathcal{K}_{\mathrm{S}}=\varnothing$。然后,MBS 可以获得 $\mathcal{K}_{\mathrm{O}}$ 个 SU 的 CSI,并且可以在 MBS 上使用 ZF 预编码来消除 MBS 对这些 SU 的干扰:

$$\overline{\boldsymbol{W}}_{\mathrm{IC}}=\widetilde{\boldsymbol{H}}^{\mathrm{H}}(\widetilde{\boldsymbol{H}}\widetilde{\boldsymbol{H}}^{\mathrm{H}})^{-1}\tag{5.18}$$

其中,$\widetilde{\boldsymbol{H}}=((\boldsymbol{h}_{0,1}^{\mathrm{M,M}})^{\mathrm{T}},(\boldsymbol{h}_{0,2}^{\mathrm{M,M}})^{\mathrm{T}},\cdots,(\boldsymbol{h}_{0,M}^{\mathrm{M,M}})^{\mathrm{T}},(\boldsymbol{h}_{0,\theta_1}^{\mathrm{M,S}})^{\mathrm{T}},(\boldsymbol{h}_{0,\theta_2}^{\mathrm{M,S}})^{\mathrm{T}},\cdots,(\boldsymbol{h}_{0,\theta_{K_{\mathrm{O}}}}^{\mathrm{M,S}})^{\mathrm{T}})^{\mathrm{T}}$,$\boldsymbol{h}_{0,\theta_{K_{\mathrm{O}}}}^{\mathrm{M,S}}$ 表示 SU $\theta_k$ 与 MBS 之间的小尺度衰落矢量。

**定理 5.2** MU $m$ 和 SU $\theta_k$ 的遍历下行速率为

$$\underline{\hat{R}}_m^{\mathrm{M}}=\Big(1-\frac{K_{\mathrm{O}}+M+\xi}{S}\Big)\log_2\left(1+\frac{P_{\mathrm{M}}\beta_{0,m}^{\mathrm{M,M}}(N_{\mathrm{M}}-M-K_{\mathrm{O}})}{\sum_{k=1}^{K}P_{\mathrm{S}}\beta_{k,m}^{\mathrm{S,M}}+\delta^2}\right)\tag{5.19}$$

$$\underline{R}_{\theta_k}^{\mathrm{S}}=\left(1-\frac{K_{\mathrm{O}}+M+\xi}{S}\right)\log_2\left(1+\frac{P_{\mathrm{S}}\beta_{\theta_k,\theta_k}^{\mathrm{S,S}}(N_{\mathrm{S}}-1)}{\sum_{i=1,i\neq\theta_k}^{K}P_{\mathrm{S}}\beta_{i,\theta_k}^{\mathrm{S,S}}+\delta^2}\right)\tag{5.20}$$

当 $x>0$ 时，$\xi=\mathrm{sgn}(K-K_{\mathrm{O}})$ 且 $\mathrm{sgn}(x)=1$，当 $x=0$ 时 $\mathrm{sgn}(x)=0$。类似的，SU $\vartheta_k$ 的遍历下行速率可以表示为

$$\underline{R}_{\vartheta_k}^{\mathrm{S}}=\left(1-\frac{1+M}{S}\right)\log_2\left(1+\frac{P_{\mathrm{S}}\beta_{\vartheta_k,\vartheta_k}^{\mathrm{S,S}}(N_{\mathrm{S}}-1)}{\sum_{m=1}^{M}P_{\mathrm{M}}\beta_{0,\vartheta_k}^{\mathrm{M,S}}+\sum_{i=1,i\neq\vartheta_k}^{K}P_{\mathrm{S}}\beta_{i,\vartheta_k}^{\mathrm{S,S}}+\delta^2}\right) \tag{5.21}$$

式(5.19)～式(5.21)的证明类似于式(5.8)和式(5.9)的证明，此处将其省略。然后，构建以下最优导频分配问题：

$$\begin{aligned}&\max_{\mathcal{K}_{\mathrm{O}}}\sum_{m=1}^{M}\underline{\hat{R}}_m^{\mathrm{M}}+\sum_{\theta_k\in\mathcal{K}_{\mathrm{O}}}\underline{R}_{\theta_k}^{\mathrm{S}}+\sum_{\vartheta_k\in\mathcal{K}_{\mathrm{S}}}\underline{R}_{\vartheta_k}^{\mathrm{S}}\\ &\text{s.t.}\quad K_{\mathrm{O}}\leqslant K,\\ &\qquad\ \mathcal{K}_{\mathrm{O}}\cup\mathcal{K}_{\mathrm{S}}=\mathcal{K},\\ &\qquad\ \mathcal{K}_{\mathrm{O}}\cap\mathcal{K}_{\mathrm{S}}=\varnothing\end{aligned} \tag{5.22}$$

假设 $K+M\leqslant N_{\mathrm{M}}$，则需要找到最佳的 $\mathcal{K}_{\mathrm{O}}$ 来最大化遍历下行链路的速率。穷举搜索法可用于找到最佳 $\mathcal{K}_{\mathrm{O}}$，但是计算复杂度很高，因为 $\sum_{i=0}^{K}C_K^i=\sum_{i=0}^{K}K!/[i!(K-i)!]$，而且对于SU数量较大时更加不可行。

### 5.3.3 问题求解

#### 1. 最佳总和率最大化(SR-M)算法

为了降低计算复杂度，我们首先将原始问题转换为

$$\begin{aligned}F(K_{\mathrm{O}})&\triangleq\max_{\mathcal{K}_{\mathrm{O}}}\sum_{m=1}^{M}\underline{\hat{R}}_m^{\mathrm{M}}+\sum_{\theta_k\in\mathcal{K}_{\mathrm{O}}}\underline{R}_{\theta_k}^{\mathrm{S}}+\sum_{\vartheta_k\in\mathcal{K}_{\mathrm{S}}}\underline{R}_{\vartheta_k}^{\mathrm{S}}\\&=\left(1-\frac{K_{\mathrm{O}}+M+\xi}{S}\right)\left(\sum_{m=1}^{M}\underline{\hat{r}}_m^{\mathrm{M}}+\max_{\mathcal{K}_{\mathrm{O}}}\left(\sum_{\theta_k\in\mathcal{K}_{\mathrm{O}}}\underline{r}_{\theta_k}^{\mathrm{S}}+\sum_{\vartheta_k\in\mathcal{K}_{\mathrm{S}}}\underline{r}_{\vartheta_k}^{\mathrm{S}}\right)\right)\end{aligned} \tag{5.23}$$

其中

$$\begin{cases}\underline{\hat{r}}_m^{\mathrm{M}}=\log_2\left(1+\dfrac{P_{\mathrm{M}}\beta_{0,m}^{\mathrm{M,M}}(N_{\mathrm{M}}-M-K_{\mathrm{O}})}{\sum_{k=1}^{K}P_{\mathrm{S}}\beta_{k,m}^{\mathrm{S,M}}+\delta^2}\right)\\[2ex] \underline{r}_{\theta_k}^{\mathrm{S}}=\log_2\left(1+\dfrac{P_{\mathrm{S}}\beta_{\theta_k,\theta_k}^{\mathrm{S,S}}(N_{\mathrm{S}}-1)}{\sum_{i=1,i\neq\theta_k}^{K}P_{\mathrm{S}}\beta_{i,\theta_k}^{\mathrm{S,S}}+\delta^2}\right)\\[2ex] \underline{r}_{\vartheta_k}^{\mathrm{S}}=\log_2\left(1+\dfrac{P_{\mathrm{S}}\beta_{\vartheta_k,\vartheta_k}^{\mathrm{S,S}}(N_{\mathrm{S}}-1)}{\sum_{m=1}^{M}P_{\mathrm{M}}\beta_{0,\vartheta_k}^{\mathrm{M,S}}+\sum_{i=1,i\neq\vartheta_k}^{K}P_{\mathrm{S}}\beta_{i,\vartheta_k}^{\mathrm{S,S}}+\delta^2}\right)\end{cases}$$

对于任何 SU $k$，使用式(5.20)和式(5.21)获得$\underline{r}_{\vartheta_k}^{\mathrm{S}}$和$\underline{r}_{\vartheta_k}^{\mathrm{S}}$，分别表示为 $r_k^1$ 和 $r_k^2$。然后，$\hat{\underline{r}}_m^{\mathrm{M}}$ 可以使用式(5.19)获得。我们定义 $R_1=\{r_1^1,r_2^1,\cdots,r_K^1\}$，$R_2=\{r_1^2,r_2^2,\cdots,r_K^2\}$，$\Delta R=\{\Delta r_{\gamma_1},\Delta r_{\gamma_2},\cdots,\Delta r_{\gamma_K}\}$，其中当 $\gamma_i\leqslant\gamma_j$ 时，$\Delta r_{\gamma_i}\geqslant\Delta r_{\gamma_j}$，$\Delta r_{\gamma_K}=r_{\gamma_K}^1-r_{\gamma_K}^2$ $(\gamma_K\in\mathscr{K})$。根据式(5.23)可得

$$
\begin{aligned}
F(K_{\mathrm{O}}) &\stackrel{\Delta}{=} \max_{\mathscr{K}_{\mathrm{O}}}\sum_{\vartheta_k\in\mathscr{K}_{\mathrm{O}}}\underline{R}_{\vartheta_k}^{\mathrm{S}}+\sum_{\vartheta_k\in\mathscr{K}_{\mathrm{S}}}\underline{R}_{\vartheta_k}^{\mathrm{S}}+\sum_{m=1}^{M}\hat{\underline{R}}_m^{\mathrm{M}} \\
&=\left(1-\frac{K_{\mathrm{O}}+M+\xi}{S}\right)\left(\sum_{m=1}^{M}\hat{\underline{r}}_m^{\mathrm{M}}+\sum_{k=1}^{K}r_k^1+\max_{\mathscr{K}_{\mathrm{O}}}\sum_{k\in\mathscr{K}_{\mathrm{O}}}\Delta r_{\gamma_k}\right) \\
&=\left(1-\frac{K_{\mathrm{O}}+M+\xi}{S}\right)\left(\sum_{m=1}^{M}\hat{\underline{r}}_m^{\mathrm{M}}+\sum_{k=1}^{K}r_k^1+\sum_{i=1}^{K_{\mathrm{O}}}\Delta r_{\gamma_i}\right)
\end{aligned}
\tag{5.24}
$$

其中，当 $K_{\mathrm{O}}=0$ 时 $\sum\limits_{i=1}^{K_{\mathrm{O}}}\Delta r_{\gamma_i}=0$。根据式(5.24)，由于 $K_{\mathrm{O}}\in[0,K]$，可通过一维搜索获得最优的 $\mathscr{K}_{\mathrm{O}}$ 和 $K_{\mathrm{O}}$，在算法 5.1 中总结上述说明。

---

**算法 5.1：最佳 SR-M 算法**

---

1. 根据式(5.20)和式(5.21)初始化 $R_1=\{r_1^1,r_2^1,\cdots,r_K^1\}$，$R_2=\{r_1^2,r_2^2,\cdots,r_K^2\}$，$\Delta R=\{\Delta r_{\gamma_1},\Delta r_{\gamma_2},\cdots,\Delta r_{\gamma_K}\}$
2. 循环：设置 $K_{\mathrm{O}}=0:K$
3. 执行 $\mathscr{K}_{\mathrm{O}}(K_{\mathrm{O}})=\{\gamma_0,\gamma_1,\cdots,\gamma_{K_{\mathrm{O}}}\}$，其中 $\gamma_0=\{\varnothing\}$
4. 根据式(5.24)计算遍历下行速率 $F(K_{\mathrm{O}})$
5. 结束循环
6. $K_{\mathrm{O}}^*=\arg\max F(K_{\mathrm{O}})$
7. $\mathscr{K}_{\mathrm{O}}^{\mathrm{optimal}}(K_{\mathrm{O}}^*)=\{\gamma_0,\gamma_1,\cdots,\gamma_{K_{\mathrm{O}}^*}\}$

---

**2. 次优 SR-M 算法**

为简化算法 5.1，提出一种次优算法，该算法假设 SU 的位置接近于 SBS 的位置。由于与 SU 及其关联的 SBS 之间的距离较短的 MC 相比，每个 SC 的覆盖范围较小，因此 SU 的位置可以近似与 SBS 的位置相同。我们假设两个 SC 位于两层 mMIMO-SC 异构网络中，如图 5.2 所示。在图 5.2 中，大规模衰落系数可以近似为

$$
\begin{cases}
\beta_{0,j}^{\mathrm{M,S}}\approx\hat{\beta}_{0,j}^{\mathrm{M,S}} \\
\beta_{0,j}^{\mathrm{M,S}}\approx\hat{\beta}_{0,j}^{\mathrm{M,S}}
\end{cases}
\tag{5.25}
$$

因此，干扰项 $\sum\limits_{i\neq\vartheta_k}^{K}P_{\mathrm{S}}\beta_{i,\vartheta_k}^{\mathrm{S,S}}+\delta^2$ 和 $\sum\limits_{m=1}^{M}P_{\mathrm{M}}\beta_{0,\vartheta_k}^{\mathrm{M,S}}+\sum\limits_{i\neq\vartheta_k}^{K}P_{\mathrm{S}}\beta_{i,\vartheta_k}^{\mathrm{S,S}}+\delta^2$ 在式(5.20)和式(5.21)中可

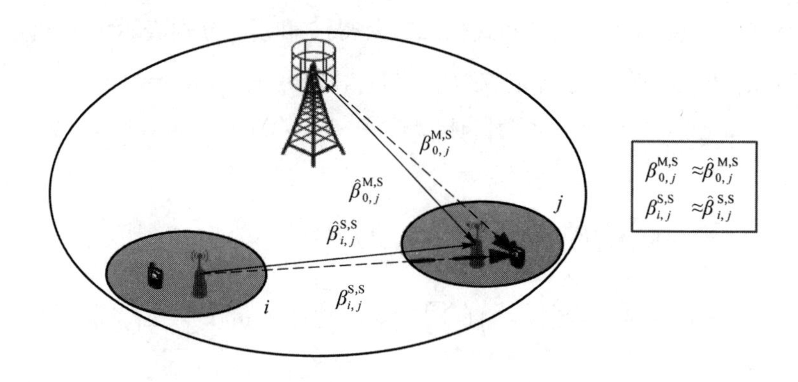


图 5.2　距离近似示意图

以近似为 $\sum_{i \neq \theta_k}^{K} P_S \hat{\beta}_{i,\theta_k}^{S,S} + \delta^2$ 和 $\sum_{m=1}^{M} P_M \hat{\beta}_{0,\vartheta_k}^{M,S} + \sum_{i \neq \vartheta_k}^{K} P_S \hat{\beta}_{i,\vartheta_k}^{S,S} + \delta^2$。因此，即使 SU 的位置发生变化，两个干扰项也可以视为常量，MBS 不需要定期更新 $\sum_{i \neq \theta_k}^{K} P_S \beta_{i,\theta_k}^{S,S} + \delta^2$ 和 $\sum_{m=1}^{M} P_M \beta_{0,\vartheta_k}^{M,S} + \sum_{i \neq \vartheta_k}^{K} P_S \beta_{i,\vartheta_k}^{S,S} + \delta^2$，这样可以简化导频分配算法。根据以上近似可得

$$\underline{R}_{\theta_k}^{S} \approx \left(1 - \frac{K_O + M + \xi}{S}\right) \log_2 \left(1 + \frac{P_S \beta_{\theta_k,\theta_k}^{S,S} (N_S - 1)}{\sum_{i=1, i \neq \theta_k}^{K} P_S \hat{\beta}_{i,\theta_k}^{S,S} + \delta^2}\right) \tag{5.26}$$

$$\underline{R}_{\vartheta_k}^{S} \approx \left(1 - \frac{K_O + M + \xi}{S}\right) \log_2 \left(1 + \frac{P_S \beta_{\vartheta_k,\vartheta_k}^{S,S} (N_S - 1)}{\sum_{m=1}^{M} P_M \hat{\beta}_{0,\vartheta_k}^{M,S} + \sum_{i=1, i \neq \vartheta_k}^{K} P_S \hat{\beta}_{i,\vartheta_k}^{S,S} + \delta^2}\right) \tag{5.27}$$

然后可以得到 $R_1$、$R_2$ 和 $R_3$，它们具有与算法 5.1 相似的计算过程。我们将此次优 SR-M算法记为算法 5.2。

---

**算法 5.2**：次优 SR-M 算法

1. 根据式(5.26)和式(5.27)初始化 $R_1 = \{r_1^1, r_2^1, \cdots, r_K^1\}$，$R_2 = \{r_1^2, r_2^2, \cdots, r_K^2\}$，$\Delta R = \{\Delta r_{\gamma_1}, \Delta r_{\gamma_2}, \cdots, \Delta r_{\gamma_K}\}$
2. 循环：设置 $K_O = 0 : K$
3. 执行 $\mathcal{K}_O(K_O) = \{\gamma_0, \gamma_1, \cdots, \gamma_{K_O}\}$，其中 $\gamma_0 = \{\varnothing\}$
4. 根据式(5.24)计算遍历下行速率 $F(K_O)$
5. 结束循环
6. $K_O^* = \arg\max F(K_O)$
7. $\mathcal{K}_O^{\text{optimal}}(K_O^*) = \{\gamma_0, \gamma_1, \cdots, \gamma_{K_O^*}\}$

---

**3. SU 公平算法**

为了考虑 SU 的公平性，基于原始问题(5.22)，提出了 SU 的公平算法，优先将正交导频分配给速率相对较低的 SU，然后使遍历下行链路速率最大化。根据以上分析，我们将 $R_1$ 升序排序，并表示为 $R_1^*=\{r_{\lambda_1}^1, r_{\lambda_2}^1, \cdots, r_{\lambda_k}^1\}(\lambda_k \in \mathscr{K})$，当 $\lambda_j \geqslant \lambda_i$ 时，$r_{\lambda_i}^1 \leqslant r_{\lambda_j}^1$，然后我们可以得到 $R_2^*=\{r_{\lambda_1}^2, r_{\lambda_2}^2, \cdots, r_{\lambda_k}^2\}$，$\Delta R^*=\{\Delta r_{\lambda_1}, \Delta r_{\lambda_2}, \cdots, \Delta r_{\lambda_k}\}(\Delta r_{\lambda_k}=r_{\lambda_k}^1-r_{\lambda_k}^2)$。因此，$F(K_{\mathrm{O}})$ 可以写为

$$F(K_{\mathrm{O}})=\left(1-\frac{K_{\mathrm{O}}+M+\xi}{S}\right)\left(\sum_{m=1}^{M}\hat{\underline{r}}_m^{\mathrm{M}}+\sum_{k=1}^{K}r_k^1+\sum_{i=1}^{K_{\mathrm{O}}}\Delta r_{\lambda_i}\right) \tag{5.28}$$

我们将上述算法总结为算法 5.3(SU 公平算法)。

---

**算法 5.3:**SU 公平算法

---

1. 根据式(5.20)和式(5.21)初始化 $R_1^*=\{r_{\lambda_1}^1, r_{\lambda_2}^1, \cdots, r_{\lambda_k}^1\}$，$R_2^*=\{r_{\lambda_1}^2, r_{\lambda_2}^2, \cdots, r_{\lambda_k}^2\}$，$\Delta R^*=\{\Delta r_{\lambda_1}, \Delta r_{\lambda_2}, \cdots, \Delta r_{\lambda_k}\}$
2. 循环：设置 $K_{\mathrm{O}}=0:K$
3. 执行 $\mathscr{K}_{\mathrm{O}}(K_{\mathrm{O}})=\{\lambda_0, \lambda_1, \cdots, \lambda_{K_{\mathrm{O}}}\}$，其中 $\lambda_0=\{\varnothing\}$
4. 根据式(5.28)计算遍历下行速率 $F(K_{\mathrm{O}})$
5. 结束循环
6. $K_{\mathrm{O}}^*=\arg\max F(K_{\mathrm{O}})$
7. $\mathscr{K}_{\mathrm{O}}^{\mathrm{optimal}}(K_{\mathrm{O}}^*)=\{\lambda_0, \lambda_1, \cdots, \lambda_{K_{\mathrm{O}}^*}\}$

---

## 5.4　仿真结果与讨论

在本节中我们比较所提算法的 MU 和 SU 的遍历下行速率。考虑一个半径为 1 000 m 的单个 MC，其中 MBS 位于 MC 的中心，而 MU 在 MC 中均匀分布。假设 MC 孔半径为 100 m(在这种情况下，所有 MU 或 SU 均未显示)，每个 SC 的半径为 30 m。所有 SC 随机位于 MC 中，SU 随机位于每个 SC 中。作为一个典型示例，我们假设 SU 和 SBS 之间的最小距离为 5 m，则任意两个 SBS 之间的距离都大于 120 m。结果平均超过$10^3$ 次实验。其他相关的仿真参数在表 5.1 中列出。

表 5.1 仿真参数

| 参 数 | 值 |
| --- | --- |
| 宏小区半径 | 1 000 m |
| 微小区半径 | 30 m |
| MU 数量 | 50 |
| SBS 天线数量 | 4 |
| MBS 发射功率 | 46 dBm |
| SBS 发射功率 | 23 dBm |
| 帧长 | $200T$ |
| MBS 与 MU 或 SU 之间的路径损耗 | $27.3+39.1\log 10(d)$ |
| SBS 与 MU 或 SU 之间的路径损耗 | $36.8+36.7\log 10(d)$ |
| 下行带宽 | 10 MHz |
| 噪声功率 | −174 dBm/Hz |

图 5.3 分别绘制了 MU 和 SU 的遍历下行速率与 $N_M$ 的关系，其中 $K=50$。在图 5.3 中，算法 5.1 设置了 $K_O=20$，将遍历下行速率的下限与仿真结果进行了比较。从图 5.3 中可以发现，遍历下行速率的下限与仿真结果之间的差距足够小。尽管 MU 的下行速率随着 MBS 天线 $N_M$ 数量的增加而增加，但是由于 SU 的速率与 $N_M$ 无关，所以 SU 的下行速率保持恒定。在下面的仿真中，将仅考虑 MU 和 SU 的遍历下行链路速率的下限。

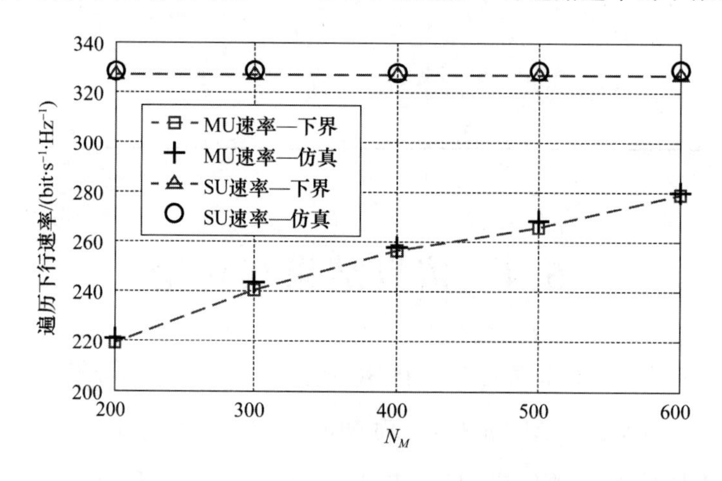


图 5.3 遍历下行速率随 $N_M$ 的变化

图 5.4 绘制了遍历下行速率与 $K_O$ 的关系，其中 $N_M=500$，$K=50$。可以发现，遍历下行速率是 $K_O$ 的凸函数，算法 5.1 和算法 5.2 的性能差距很小，最大遍历下行链路速率几乎相同。由于算法 5.3 考虑了 SU 的公平性，优先将正交导频分配给速率相对较低的 SU，以

提高其可达到的速率,因此其速率低于算法 5.1 和算法 5.2 的速率。

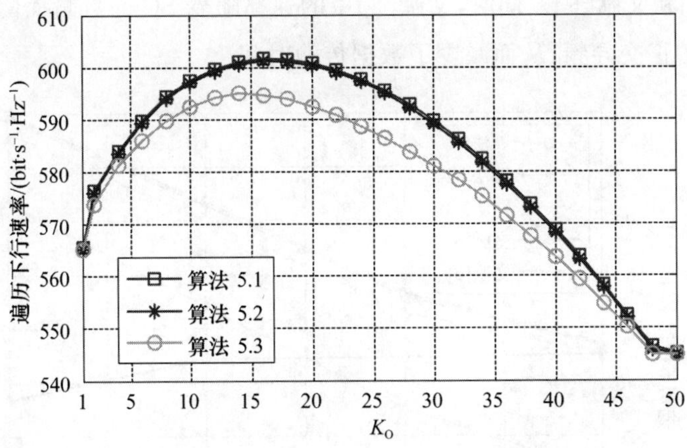


图 5.4　遍历下行速率随 $K_O$ 的变化

图 5.5 显示了 $K=50$ 时遍历下行速率与 $N_M$ 的关系。为了与所提算法的性能进行比较,还绘制了传统导频分配方案的遍历下行链路速率。例如,文献[5]考虑了 MBS 和 SU 之间的最坏情况,其中所有 SC 都使用相同的导频,文献[6]考虑了 MBS 和 SU 之间的最坏情况,其中所有 SC 使用正交导频。显然,与文献[5]和文献[6]相比,所提算法有效地提高了速率,并且性能可以提高 12%。此外,还发现文献[6]的性能最差。尽管可以消除从 MBS 到 SU 的层间干扰,但是大量的导频会导致一个相干时间块内的数据传输减少。图 5.5 还显示,由于天线增益的增加,所有方案中的遍历下行链路速率都随天线数量 $N_M$ 的增加而提高。与图 5.4 的结果相似,算法 5.1 和算法 5.2 的速率几乎相同。为了优先提高低速率 SU 的可达速率,算法 5.3 将失去一些整体性能提升,这一点也如图 5.5 所示。

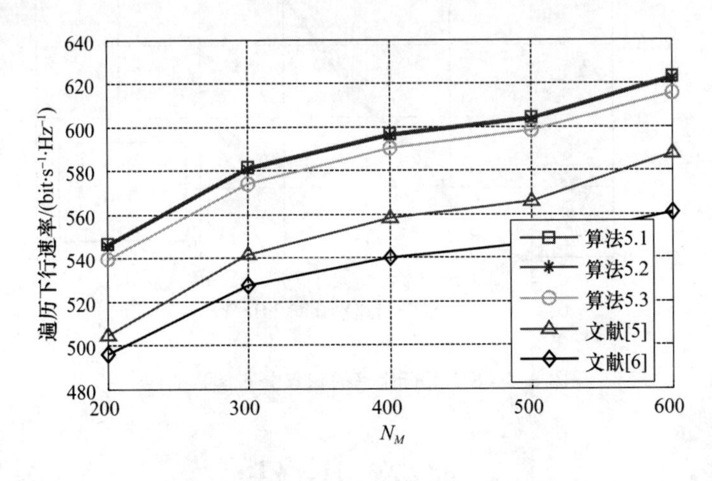


图 5.5　遍历下行速率随 $N_M$ 的变化

图 5.6 描绘了 $N_M=500$ 时遍历下行速率与 $K$ 的关系曲线,可以得出遍历下行总速率

随 $K$ 的增加而增加，前两种算法的性能仍优于第三种算法。此外，我们提出的算法的性能始终优于文献[5]和文献[6]。同时，文献[6]中的速率随着 SC 的数量而降低。原因是更多的 SC 导致更多的正交导频，从而减少了数据传输时间。

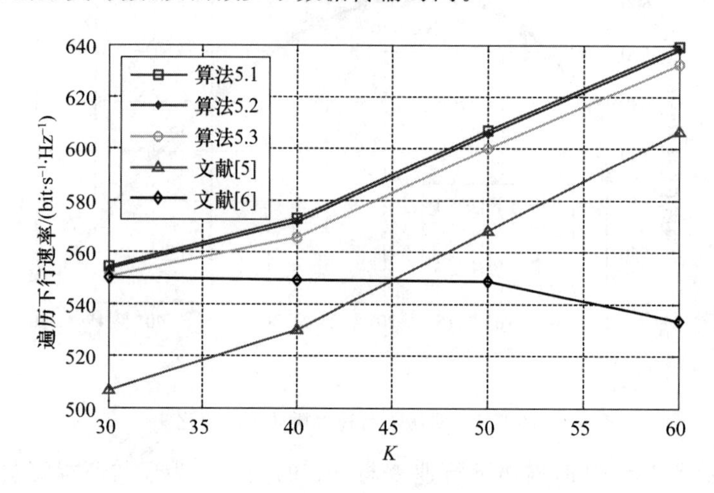


图 5.6　遍历下行速率随 $K$ 的变化

图 5.7 展示了 $N_M=500$ 和 $K=50$ 时 SU 遍历下行速率的累积分布函数(CDF)曲线。可以发现，与前两种算法相比，算法 5.3 在下行速率越小的 SU 的比例越低。同时，对于较高的下行链路速率，前两种算法的 SU 所占比例较高。结果表明，算法 5.3 通过牺牲系统的速率性能来优先提高相对较低速率 SU 的可实现速率。

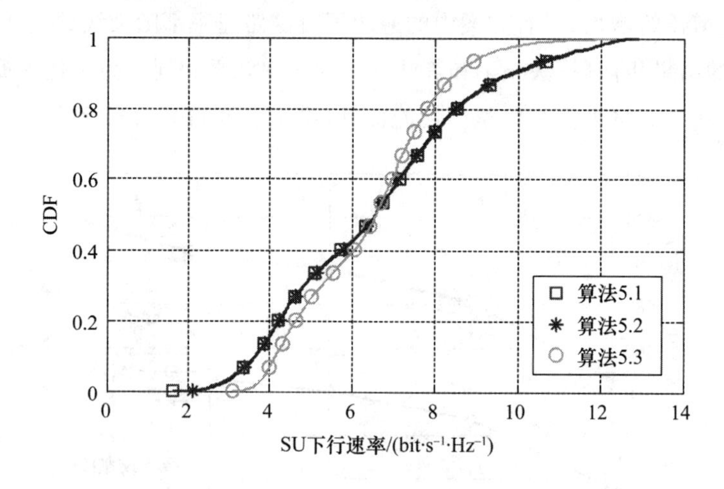


图 5.7　SU 下行速率的积累分布函数曲线

## 本章小结

本章研究了两层 TDD mMIMO-SC 异构网络的上行导频分配问题，提出一种最优导频分配算法来最大化 MU 和 SU 的遍历下行链路速率。此外，还提出了一种次优算法，其中基于 SC 覆盖区域足够小的假设，将 SU 的位置近似为 SBS 的位置。为保证服务单元的公平性，提出了另一种算法来优先提高相对低速率 SU 的可达速率。仿真结果表明，该方案的性能提高了约 12%。

# 本章参考文献

[1] MARZETTA T L. Noncooperative cellular wireless with unlimited numbers of base station antennas[J]. IEEE Transactions on Wireless Communications, 2010, 9(11): 3590-3600.

[2] BETHANABHOTLA D, BURSALIOGLU O Y, PAPADOPOULOS H C, et al. Optimal user-cell association for massive MIMO wireless networks [J]. IEEE Transactions on Wireless Communications, 2016, 15(3): 1835-1850.

[3] XU Y, MAO S. User association in massive MIMO HetNets[J]. IEEE Systems Journal, 2017, 11(1): 7-19.

[4] TULINO A M, VERDÚ S, Random matrix theory and wireless communications[J]. Foundations and Trends in Communications and Information Theory, 2004, 1(1): 181-186.

[5] FU L, ZHANG J A, HUANG J. Energy efficient transmissions in MIMO cognitive radio networks[J]. IEEE Journal on Selected Areas in Communications, 2013, 31(11): 2420-2431.

[6] KOUASSI B, GHAURI I, DENEIRE L. Reciprocity-based cognitive transmissions using a MU massive MIMO approach[C]//2013 IEEE International Conference on Communications, 2013: 2738-2742.

# 第6章　SC型大规模MIMO异构网络的SC分簇及预编码设计

## 6.1　引　言

前几章提出了一些导频和功率分配方案来减少导频污染和信号干扰，本章将考虑如何在mMIMO-SC异构网络中通过SC分簇和预编码设计来整合干扰并提高系统性能。文献[1-4]已经提出几种用于干扰整合的SC分簇方案。文献[1]提出一种联合SC分簇和用户分簇的图论方法来减轻SC之间的干扰，根据下行链路用户接收的SINR，SC被分成多个簇。文献[2]提出一种基于速率损失的低复杂度SC分簇算法。在上述分簇方案中，每个基站的发射功率需预先给定，因此这些方案不适用于当前研究。文献[3]研究了用于部分协调传输的SC分簇和预编码设计以最大化系统效率，但是由于同一个用户可以由不同SC簇提供服务，簇内干扰不能完全消除。文献[4]提出一种动态贪婪的协作SC分簇算法，但是必须事先知道每个簇中的SC数量。文献[5]提出一种基于距离的SC分簇方案，该算法虽然简单，但不适用于时变环境。实际上，文献[1-5]考虑的是用户层面的分簇，即考虑优于SC层面用户与BS之间的实时干扰形成的分簇。

文献[6-9]研究了MIMO系统干扰整合的几种预编码方案。文献[6]研究了多小区系统中使所有用户加权和速率最大化的预编码设计优化问题，由于所提出的块对角化(Block Diagonalization,BD)预编码技术可以消除多用户干扰，因此原问题可以转化为凸优化问题。类似的，文献[7]和文献[8]设计了有效预编码器来消除多用户干扰，从而将原问题转化为凸优化问题，然后直接利用内点法或凸优化工具箱得到最优预编码器。文献[9]提出一种联合干扰对齐和功率分配问题，以减少层内和层间干扰，并通过一些简单的线性算法来解决，虽然线性算法的复杂度较低，但由于SBS功率限制和簇间干扰，它不能用于我们所研究的非凸问题。

与之前的工作不同，本章研究了一种新的SC分簇策略及预编码设计，最大化双层SC异构网络中供SU的下行链路总速率。为减少SC之间的干扰，提出了一种基于干扰图的动态SC分簇方案，根据SC的干扰信道强度将SC分为多个SC簇，然后在每个簇中联合设计SU的信号。为实现联合干扰整合，提出一个基于MBS和SC分簇的预编码加权优化问题，在 SBS 功率约束下最大化 SU 的下行链路总速率。MBS 的预编码权重旨在消除多 MU 和层间干扰，而 SC 分簇的预编码权重则旨在消除簇内干扰并减轻簇间干扰。为同时消除多 MU 和层间干扰，我们为 MBS 提出了集群 SC BD(CSBD)预编码方案。首先，使用奇异值分解(Singular Value Decomposition ,SVD)来查找层间干扰信道的零空间；然后，将用于 MU 的 ZF 下行链路预编码权重矩阵投影到上述零空间上，以同时消除多 MU 和层间干扰。为消除簇内干扰并协调簇间干扰，将 SC 分簇上每个 SU 的预编码矢量设计为以下两个部分的乘积：第一部分采用 SVD 来消除簇内干扰；第二部分旨在协调簇间干扰，以最大化 SU 的下行总速率。这是一个非凸问题，难以直接解决，我们提出一种基于分簇的非合作博弈，并设计出一种分配算法来获得次优的解决方案。最后，本章证明了形成博弈的纳什均衡(Nash Equilibria，NE)的存在和唯一性。

# 6.2 系统模型和问题描述

## 6.2.1 系统模型

图 6.1 是一个下行链路 mMIMO-SC 两层异构网络系统模型，由 1 个 MC 和 $J$ 个 SC 组成($J=\{1,2,\cdots,j\}$)。假设配备 $M$ 根天线的 MBS($M\geqslant K_{\mathrm{M}}$)服务 $K_{\mathrm{M}}$ 个单天线 MU，配备 $N$ 个天线的 SBS 为 $K_{\mathrm{S}}$ 个单天线 SU($N\geqslant K_{\mathrm{S}}$)服务，MC 和所有的 SC 共享频谱。在这种情况下，SC 之间存在干扰，虽然 SC 间的协作下行链路传输能够消除 SC 间干扰，但传输数据必须在 SBS 之间共享，这需要巨大的回程开销。SC 分簇方法可有效减少所需的开销，因为传输数据仅在每个分簇内共享。同时，本章假设在理想 CSI 条件下 MBS 和 SBS 采用 TDD 协议[10,11]。

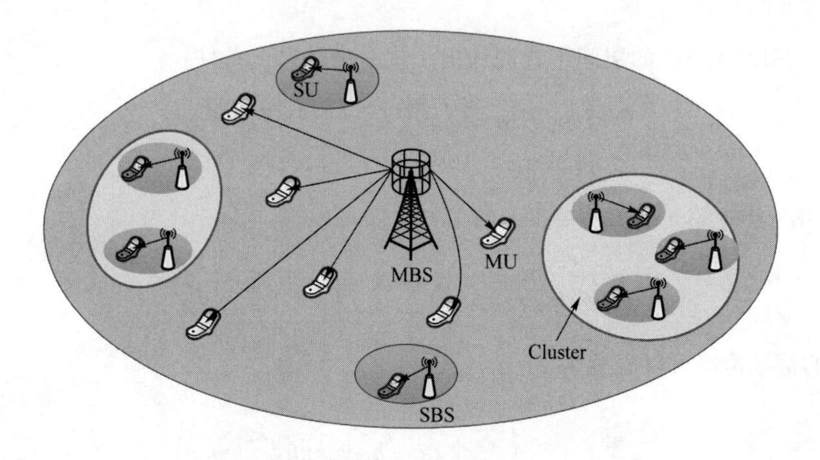


图 6.1 mMIMO-SC 两层异构网络系统模型

假设SC分为$C$个簇，其中每个SU由同簇的所有SBS服务。$C_l$表示第$l$簇中SC的数量，$K_l=C_lK_S$和$N_l=C_lN$分别表示第$l$簇中所有SBS上的SU数量和天线数量。同时，假设第$(O_l-1)N+1$个到第$O_lN$个天线为第$l$簇中第$O_l$个SBS的$N$根天线，$O_l=1,2,\cdots,C_l$。类似的，$(O_l-1)K_S+1$至$O_lK_S$表示第$l$簇中的第$O_l$个SBS中的SU数量。

第$l$簇中第$k$个SU的接收信号可以表示为

$$\begin{aligned} y_{lk} &= \sum_{i=1}^{C}\sum_{j=1}^{K_i} \boldsymbol{h}_{ilk}\boldsymbol{v}_{ij}x_{ij} + \sum_{m=1}^{K_M} \boldsymbol{h}_{0lk}\boldsymbol{v}_{0m}x_{0m} + n_{lk} \\ &= \underbrace{\boldsymbol{h}_{llk}\boldsymbol{v}_{lk}x_{lk}}_{\text{所需信号}} + \underbrace{\sum_{j\neq k}^{K_l} \boldsymbol{h}_{llk}\boldsymbol{v}_{lj}x_{lj}}_{\text{簇内干扰}} + \underbrace{\sum_{i\neq l}^{C}\sum_{j=1}^{K_i} \boldsymbol{h}_{ilk}\boldsymbol{v}_{ij}x_{ij}}_{\text{簇间干扰}} + \underbrace{\sum_{m=1}^{K_M} \boldsymbol{h}_{0lk}\boldsymbol{v}_{0m}x_{0m}}_{\text{层间干扰}} + \underbrace{n_{lk}}_{\text{噪声}} \end{aligned} \tag{6.1}$$

其中，$\boldsymbol{h}_{ilk}\in\mathbb{C}^{1\times N_i}$和$\boldsymbol{h}_{0lk}\in\mathbb{C}^{1\times M}$分别表示从$C_i$个SBS和MBS到第$l$簇中第$k$个SU的下行链路信道，$\boldsymbol{v}_{ij}\in\mathbb{C}^{N_i\times 1}$和$\boldsymbol{v}_{0m}\in\mathbb{C}^{M\times 1}$分别表示第$i$簇中第$j$个SU和第$m$个MU的预编码向量，$x_{ij}$和$x_{0m}$分别表示第$i$簇中第$j$个SU和第$m$个MU的发射信号。我们假设$\mathbb{E}[|x|^2]=1$，$n_{lk}$是满足$\mathcal{CN}(0,\delta^2)$的独立同分布的AWGN。

类似的，第$k$个MU的接收信号可以表示为

$$\begin{aligned} y_{0k} &= \sum_{m=1}^{K_M} \boldsymbol{h}_{00k}\boldsymbol{v}_{0m}x_{0m} + \sum_{i=1}^{C}\sum_{j=1}^{K_i} \boldsymbol{h}_{i0k}\boldsymbol{v}_{ij}x_{ij} + n_{0k} \\ &= \underbrace{\boldsymbol{h}_{00k}\boldsymbol{v}_{0k}x_{0k}}_{\text{所需信号}} + \underbrace{\sum_{m\neq k}^{K_M} \boldsymbol{h}_{00k}\boldsymbol{v}_{lj}x_{lj}}_{\text{层内干扰}} + \underbrace{\sum_{i=1}^{C}\sum_{j=1}^{K_i} \boldsymbol{h}_{i0k}\boldsymbol{v}_{ij}x_{ij}}_{\text{层间干扰}} + \underbrace{n_{0k}}_{\text{噪声}} \end{aligned} \tag{6.2}$$

其中，$\boldsymbol{h}_{00k}\in\mathbb{C}^{1\times M}$和$\boldsymbol{h}_{i0k}\in\mathbb{C}^{1\times N_i}$分别表示从第$i$簇中的MBS和$C_i$个SBS到第$k$个MU的下行链路信道。

消除从MBS到SU的层间干扰和簇内干扰需满足以下条件：

$$\boldsymbol{h}_{0lk}\boldsymbol{v}_{0m}=0,\quad \forall l,k,m=\{1,2,\cdots,K_M\} \tag{6.3a}$$

$$\boldsymbol{h}_{llk}\boldsymbol{v}_{lj}=0,\quad \forall k\neq j,l=\{1,2,\cdots,C\} \tag{6.3b}$$

因此，第$l$簇中第$k$个SU接收到的信号可以写为

$$y_{lk} = \boldsymbol{h}_{llk}\boldsymbol{v}_{lk}x_{lk} + \sum_{i\neq l}^{C}\sum_{j=1}^{K_i} \boldsymbol{h}_{ilk}\boldsymbol{v}_{ij}x_{ij} + n_{lk} \tag{6.4}$$

相应的信号速率可以表示为

$$R_{lk} = \log_2\left(1 + \frac{\boldsymbol{h}_{llk}\boldsymbol{v}_{lk}\boldsymbol{v}_{lk}^{\mathrm{H}}\boldsymbol{h}_{llk}^{\mathrm{H}}}{\sum_{i\neq l}^{C}\sum_{j=1}^{K_i} \boldsymbol{h}_{ilk}\boldsymbol{v}_{ij}\boldsymbol{v}_{ij}^{\mathrm{H}}\boldsymbol{h}_{ilk}^{\mathrm{H}} + \delta^2}\right) \tag{6.5}$$

### 6.2.2 问题描述

由于每个簇中的总发射天线来自多个 SBS，每个 SBS 的功率约束如下：

$$\sum_{k=1}^{K_l} \mathrm{Tr}(\boldsymbol{B}_{O_l}\boldsymbol{v}_{lk}\boldsymbol{v}_{lk}^{\mathrm{H}}) \leqslant P, \quad \forall l, O_l = \{1,2,\cdots,C_l\} \tag{6.6}$$

其中，$\boldsymbol{B}_{O_l}$ 定义为

$$\boldsymbol{B}_{O_l} \stackrel{\Delta}{=} \mathrm{Diag}(\underbrace{0,\cdots,0}_{(O_l-1)N},\underbrace{1,\cdots,1}_{N},\underbrace{0,\cdots,0}_{(C_l-O_l)N}) \tag{6.7}$$

最大化 SU 的下行链路总速率的优化问题如下所示：

$$\max_{\{\boldsymbol{V}_1,\cdots,\boldsymbol{V}_C\},\boldsymbol{V}_M} \sum_{l=1}^{C}\sum_{k=1}^{K_l} R_{lk} \tag{6.8a}$$

$$\text{s.t.} \quad \boldsymbol{h}_{0lk}\boldsymbol{v}_{0m} = 0, \quad \forall l,k,m = \{1,2,\cdots,K_M\} \tag{6.8b}$$

$$\boldsymbol{h}_{llk}\boldsymbol{v}_{lj} = 0, \quad \forall k \neq j, l = \{1,2,\cdots,C\} \tag{6.8c}$$

$$\sum_{k=1}^{K_l} \mathrm{Tr}(\boldsymbol{B}_{O_l}\boldsymbol{v}_{lk}\boldsymbol{v}_{lk}^{\mathrm{H}}) \leqslant P, \quad \forall l, O_l \tag{6.8d}$$

$$\boldsymbol{v}_{lk} \succeq \boldsymbol{0}, \boldsymbol{v}_{0m} \succeq \boldsymbol{0}, \quad \forall l,k,m \tag{6.8e}$$

其中，$\boldsymbol{V}_l = (\boldsymbol{v}_{l1}^{\mathrm{T}},\cdots,\boldsymbol{v}_{lK_l}^{\mathrm{T}})^{\mathrm{T}}$，$\boldsymbol{V}_M = (\boldsymbol{v}_{01}^{\mathrm{T}},\cdots,\boldsymbol{v}_{0K_M}^{\mathrm{T}})^{\mathrm{T}}$。

解决上述问题可分为以下三个步骤：第一步是设计一个 SC 集群方案，使所有 SC 形成多个集群，如图 6.1 所示；第二步设计 MBS 处的预编码，以消除层间干扰，即式(6.8b)；第三步是在每个集群上设计预编码，以最大限度地提高 SU 的下行链路总和率，即式(6.8a)、式(6.8c)和式(6.8d)。

## 6.3 SC 分簇方案

定义两个 SC $i$ 和 $j$ 之间的平均干扰信道强度为

$$\gamma_{i,j} = \frac{1}{NK_{\mathrm{T}}}\sum_{k=1}^{K_S}(\|\bar{\boldsymbol{h}}_{ijk}\| + \|\bar{\boldsymbol{h}}_{jik}\|), \quad i,j = \{1,2,\cdots,C\} \tag{6.9}$$

其中：$K_{\mathrm{T}}$ 表示 SC $i$ 和 $j$ 中 SU 的总数($K_{\mathrm{T}} = 2K_S$)；$\bar{\boldsymbol{h}}_{ijk} \in \mathbb{C}^{1\times N}$ 表示在 SC $j$ 中从 SC $i$ 到第 $k$ 个 SU 的下行干扰信道；$\gamma_{i,j}$ 表示 SC $i$ 和 $j$ 之间的潜在平均干扰强度水平，其值越大表示干扰越高，当 $\gamma_{i,j}$ 达到一定高度水平时，两个 SC 形成一个簇。

如图 6.2 所示，所有 SC 之间的潜在干扰关系可以构成干扰图。首先设置一个干扰阈值 $\gamma_{\mathrm{th}}$，用于确定两个 SC 是否能够形成一个簇。定义图 6.2 中的 3 个 SC 分别为 $i$、$j$、$l$，如果 $\gamma_{i,j} \geqslant \gamma_{\mathrm{th}}$，$\gamma_{j,l} \geqslant \gamma_{\mathrm{th}}$，$\gamma_{i,l} < \gamma_{\mathrm{th}}$，根据上述定义，SC $j$ 将属于两个不同的簇。为了简化问题并最大化协调 SC 之间的干扰，SC $i$、$j$、$l$ 将在上述情况下形成一个簇。

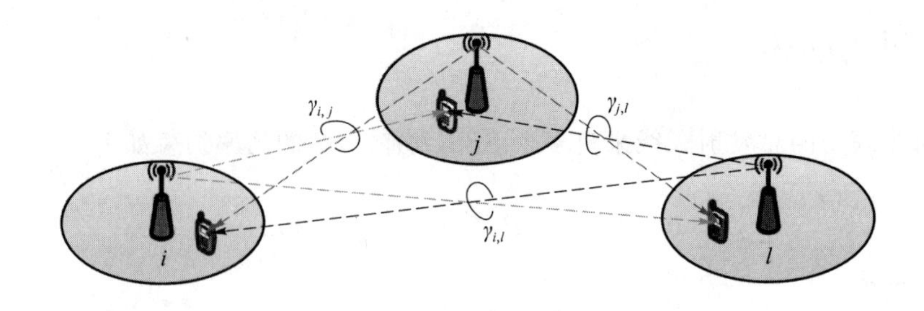


图 6.2　干扰图示例

基于上述分析，干扰图可以被构造为 SBS 中的无向图 $G(J,E)$，其中 $J$ 个顶点表示所有 SC，而 $\boldsymbol{E}(u,v)$ 个边代表 SC $u$ 和 $v$ 之间的潜在干扰，$u,v\in J$。图 6.3 和图 6.4 体现了相同 SC 分布下通过不同 $\gamma_{\text{th}}$ 的 SC 分簇结果，从图中可以看出，较高的干扰阈值导致簇内 SC 数量较少，这减少了每个簇内的信息交换，从而降低了回程开销和系统延迟。相反，较低的干扰阈值会导致簇内有更多的 SC，使每个簇内的信息交换增加，从而增加了回程开销和系统延迟。因此，在实践中干扰阈值可以根据需求标准来确定，如系统总速率最大化、延迟或回程开销最小化。为简单起见，在本节中，将根据经验选择干扰阈值，以最大化系统总速率。我们在这里注意到，信息交换只在每个簇内的 SBS 之间进行，如图 6.4 中的 $\boldsymbol{h}_{llk}$ 和 $x_{lk}$，用户之间不需要信息交换。

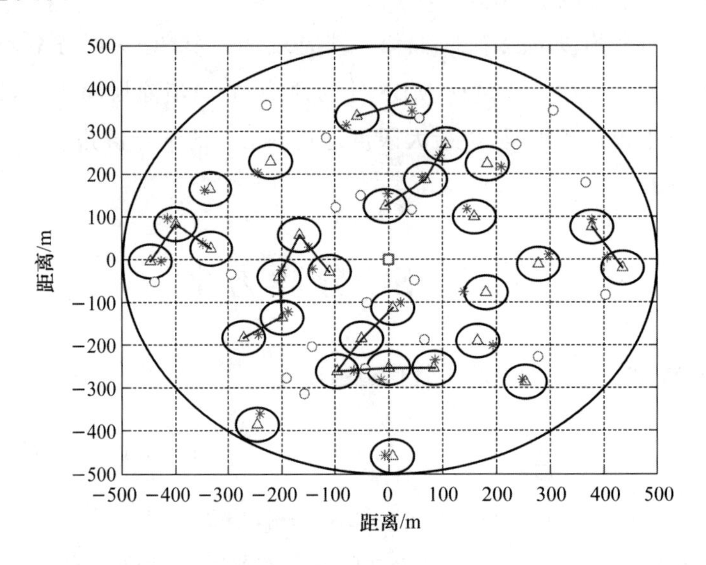


图 6.3　SC 分簇示例（$\gamma_{\text{th}}=-100$ dB）

算法 6.1 给出了 SC 分簇方案。首先计算 SC $i$ 和 $j$ 之间的 $\gamma_{i,j}$（第 4 行）。接下来，根据 $\gamma_{\text{th}}$（第 5、6 行）决定两个 SC 是否形成簇。当 SC $i$ 和 $j$ 根据上述方案形成簇时，若它们中的任何一个属于其他簇，则 SC $i$、$j$ 和该簇成员将重组一个簇（第 7～9 行）。重复上述过程，直到所有 SC 都被分簇。

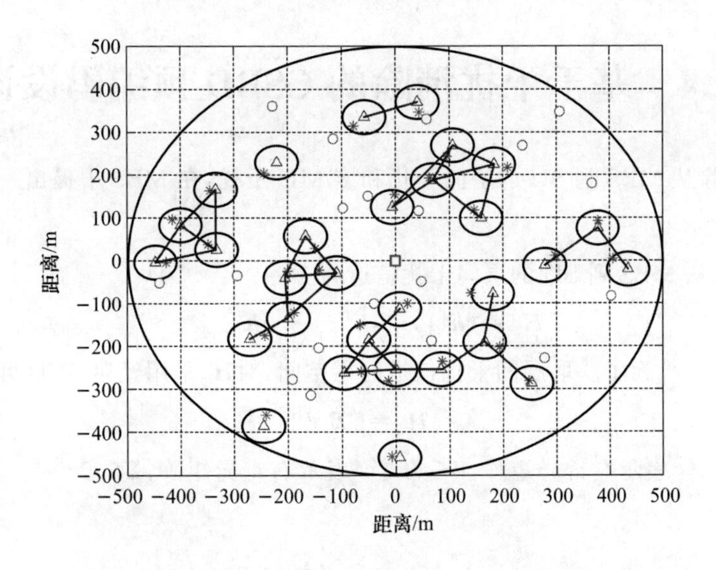


图 6.4　SC 分簇示例($\gamma_{th}=-105$ dB)

**算法 6.1:**基于干扰图的动态 SC 分簇算法

输入:$J,\gamma_{th},n=1$

输出:$\mathbf{C}$

1.　循环:设置 $i=1:J$

2.　　$\mathbf{C}\{n\}=\{i\}$

3.　　　循环:设置 $j=1:J(i\neq j)$

4.　　　　根据式(6.9)计算 $\gamma_{i,j}$

5.　　　　如果 $\gamma_{i,j}\geqslant\gamma_{th}$,则

6.　　　　　将 SC $i$ 和 $j$ 分为一簇,即 $\mathbf{C}\{n\}=\mathbf{C}\{n\}\cup\{j\}$

7.　　　　如果 SC $i$ 或 $j$ 属于其他簇 $n'$,则

8.　　　　　SC $i$、$j$ 和 $n'$ 中所有成员组成新簇,

即 $\mathbf{C}\{n\}=\mathbf{C}\{n\}\cup\mathbf{C}\{n'\},n=n-1$

9.　　　　结束

10.　　　结束

11.　　结束循环

12.　$n=n+1$

13.　结束循环

14.　注意:$\mathbf{C}$ 为数个子集组成的集合,每个子集表示一个簇,其元素为 SC 的索引,$\mathbf{C}\{n\}$ 表示集合 $\mathbf{C}$ 中的第 $n$ 个子集

## 6.4 基于干扰消除的 CSBD 预编码设计

为同时消除从 MBS 到 SU 的层间干扰和多 MU 干扰，在 MBS 中提出一种 CSBD 预编码方案。

首先，定义从 MBS 到 SU 的层间干扰信道为

$$\boldsymbol{H}_{\mathrm{in}}=(\boldsymbol{h}_{011}^{\mathrm{T}},\cdots,\boldsymbol{h}_{01K_1}^{\mathrm{T}},\cdots,\boldsymbol{h}_{0CK_{\mathrm{C}}}^{\mathrm{T}})^{\mathrm{T}} \tag{6.10}$$

其中，$\boldsymbol{H}_{\mathrm{in}}\in\mathbb{C}^{JK_{\mathrm{S}}\times M}$，为了获取层间干扰信道的零空间，对$\boldsymbol{H}_{\mathrm{in}}$采用经典 SVD 可得

$$\boldsymbol{H}_{\mathrm{in}}=\boldsymbol{U\Sigma}\,\boldsymbol{V}^{\mathrm{H}} \tag{6.11}$$

其中，$\boldsymbol{U}\in\mathbb{C}^{JK_{\mathrm{S}}\times JK_{\mathrm{S}}}$表示左奇异矩阵，$\boldsymbol{V}\in\mathbb{C}^{M\times M}$表示右奇异矩阵，$\boldsymbol{\Sigma}\in\mathbb{C}^{JK_{\mathrm{S}}\times M}$表示奇异值，具体如下：

$$\boldsymbol{\Sigma}=\begin{pmatrix}\hat{\boldsymbol{\Sigma}}_r & \boldsymbol{0}_{r\times(M-r)}\\ \boldsymbol{0}_{(JK_{\mathrm{S}}-r)\times r} & \boldsymbol{0}_{(JK_{\mathrm{S}}-r)\times(M-r)}\end{pmatrix} \tag{6.12}$$

其中，$r=\mathrm{rank}(\boldsymbol{H}_{\mathrm{in}})$是$\boldsymbol{H}_{\mathrm{in}}$的秩，$\hat{\boldsymbol{\Sigma}}_r=\mathrm{Diag}\{\sigma_1,\cdots,\sigma_r\}$ 。$\boldsymbol{H}_{\mathrm{in}}$的零空间 $\mathrm{Null}(\boldsymbol{H}_{\mathrm{in}})$可以得到

$$\hat{\boldsymbol{V}}=(\boldsymbol{v}_{r+1},\boldsymbol{v}_{r+2},\cdots,\boldsymbol{v}_M) \tag{6.13}$$

其中，$\hat{\boldsymbol{V}}\in\mathbb{C}^{M\times(M-r)}$的存在需要约束条件 $JK_{\mathrm{S}}\leqslant M$，即 SU 的数量必须小于 MBS 天线的数量。然后可以得到

$$\boldsymbol{H}_{\mathrm{in}}\hat{\boldsymbol{V}}=\boldsymbol{0} \tag{6.14}$$

由式(6.14)可以发现，如果从 $\hat{\boldsymbol{V}}$ 中随机选择每个 MU 的列向量，就可以完全消除层间干扰，但这可能会导致严重的多 MU 干扰。为了同时消除层间干扰和多 MU 干扰，首先根据零空间 $\mathrm{Null}(\boldsymbol{H}_{\mathrm{in}})$定义投影矩阵$\widetilde{\boldsymbol{V}}_{\mathrm{in}}$：

$$\widetilde{\boldsymbol{V}}_{\mathrm{in}}=\hat{\boldsymbol{V}}\,\hat{\boldsymbol{V}}^{\mathrm{H}} \tag{6.15}$$

因此，可以将 MU 的 ZF 预编码矩阵投影到零空间 $\mathrm{Null}(\boldsymbol{H}_{\mathrm{in}})$上，并获得最终的预编码矩阵，如下所示：

$$\begin{aligned}\boldsymbol{W}_{\mathrm{CSBD}}&=(\boldsymbol{H}_{\mathrm{M}}\widetilde{\boldsymbol{V}}_{\mathrm{in}})^{\mathrm{H}}(\boldsymbol{H}_{\mathrm{M}}\widetilde{\boldsymbol{V}}_{\mathrm{in}}(\boldsymbol{H}_{\mathrm{M}}\widetilde{\boldsymbol{V}}_{\mathrm{in}})^{\mathrm{H}})^{-1}\\&=(\boldsymbol{H}_{\mathrm{M}}\widetilde{\boldsymbol{V}}_{\mathrm{in}})^{\mathrm{H}}(\boldsymbol{H}_{\mathrm{M}}\widetilde{\boldsymbol{V}}_{\mathrm{in}}\widetilde{\boldsymbol{V}}_{\mathrm{in}}^{\mathrm{H}}\boldsymbol{H}_{\mathrm{M}}^{\mathrm{H}})^{-1}\\&=(\boldsymbol{H}_{\mathrm{M}}\widetilde{\boldsymbol{V}}_{\mathrm{in}})^{\mathrm{H}}(\boldsymbol{H}_{\mathrm{M}}\hat{\boldsymbol{V}}\,\hat{\boldsymbol{V}}^{\mathrm{H}}\hat{\boldsymbol{V}}\,\hat{\boldsymbol{V}}^{\mathrm{H}}\,\boldsymbol{H}_{\mathrm{M}}^{\mathrm{H}})^{-1}\\&=(\boldsymbol{H}_{\mathrm{M}}\widetilde{\boldsymbol{V}}_{\mathrm{in}})^{\mathrm{H}}(\boldsymbol{H}_{\mathrm{M}}\widetilde{\boldsymbol{V}}_{\mathrm{in}}\boldsymbol{H}_{\mathrm{M}}^{\mathrm{H}})^{-1}\end{aligned} \tag{6.16}$$

其中，$\boldsymbol{H}_{\mathrm{M}}=(\boldsymbol{h}_{001}^{\mathrm{T}},\boldsymbol{h}_{002}^{\mathrm{T}},\cdots,\boldsymbol{h}_{00K_{\mathrm{M}}}^{\mathrm{T}})^{\mathrm{T}}$ 表示多 MU 下行信道矩阵。$\boldsymbol{W}_{\mathrm{CSBD}}$的存在需要必要条件 $JK_{\mathrm{S}}+K_{\mathrm{M}}\leqslant M$，即 SU 和 MU 的数量应少于 MBS 天线的数量。接下来，将证明上述必要条

件。对于独立同分布的瑞利衰落信道，$\boldsymbol{H}_{\text{in}}$的秩应等于 $JK_{\text{S}}$，因此 $\hat{\boldsymbol{V}}$ 是一个 $M\times(M-JK_{\text{S}})$ 的矩阵，其中 $\text{rank}(\hat{\boldsymbol{V}})=M-JK_{\text{S}}$，$\text{rank}(\tilde{\boldsymbol{V}}_{\text{in}})\leqslant M-JK_{\text{S}}$。此外，因为$\boldsymbol{H}_{\text{M}}\tilde{\boldsymbol{V}}_{\text{in}}\boldsymbol{H}_{\text{M}}^{\text{H}}$ 是一个 $K_{\text{M}}\times K_{\text{M}}$ 的矩阵，因此$(\boldsymbol{H}_{\text{M}}\tilde{\boldsymbol{V}}_{\text{in}}\boldsymbol{H}_{\text{M}}^{\text{H}})^{-1}$存在的条件是 $\text{rank}(\boldsymbol{H}_{\text{M}}\tilde{\boldsymbol{V}}_{\text{in}}\boldsymbol{H}_{\text{M}}^{\text{H}})=K_{\text{M}}$。由于 $\text{rank}(\boldsymbol{H}_{\text{M}}\tilde{\boldsymbol{V}}_{\text{in}}\boldsymbol{H}_{\text{M}}^{\text{H}})\leqslant\min\{M-JK_{\text{S}},K_{\text{M}}\}$，且 $M-JK_{\text{S}}\geqslant K_{\text{M}}$，因此有 $JK_{\text{S}}+K_{\text{M}}\leqslant M$。

根据$\boldsymbol{W}_{\text{CSBD}}$可得

$$\begin{aligned}&\boldsymbol{H}_{\text{M}}\boldsymbol{W}_{\text{CSBD}}\\&=\boldsymbol{H}_{\text{M}}(\boldsymbol{H}_{\text{M}}\tilde{\boldsymbol{V}}_{\text{in}})^{\text{H}}(\boldsymbol{H}_{\text{M}}\tilde{\boldsymbol{V}}_{\text{in}}\boldsymbol{H}_{\text{M}}^{\text{H}})^{-1}\\&=\boldsymbol{H}_{\text{M}}\tilde{\boldsymbol{V}}_{\text{in}}\boldsymbol{H}_{\text{M}}^{\text{H}}(\boldsymbol{H}_{\text{M}}\tilde{\boldsymbol{V}}_{\text{in}}\boldsymbol{H}_{\text{M}}^{\text{H}})^{-1}\\&=\boldsymbol{I}\end{aligned}\tag{6.17a}$$

$$\begin{aligned}&\boldsymbol{H}_{\text{in}}\boldsymbol{W}_{\text{CSBD}}\\&=\boldsymbol{H}_{\text{in}}(\boldsymbol{H}_{\text{M}}\tilde{\boldsymbol{V}}_{\text{in}})^{\text{H}}(\boldsymbol{H}_{\text{M}}\tilde{\boldsymbol{V}}_{\text{in}}\boldsymbol{H}_{\text{M}}^{\text{H}})^{-1}\\&=\boldsymbol{H}_{\text{in}}\hat{\boldsymbol{V}}\hat{\boldsymbol{V}}^{\text{H}}\boldsymbol{H}_{\text{M}}^{\text{H}}(\boldsymbol{H}_{\text{M}}\tilde{\boldsymbol{V}}_{\text{in}}\boldsymbol{H}_{\text{M}}^{\text{H}})^{-1}\\&=\boldsymbol{0}\end{aligned}\tag{6.17b}$$

其中，式(6.17a)和式(6.17b)分别表示消除多 MU 和层间干扰。

第 $k$ 个 MU 的预编码向量可以写为

$$\boldsymbol{v}_{0k}=\frac{\sqrt{P_{0k}}\boldsymbol{W}_{\text{CSBD}}^{k}}{\|\boldsymbol{W}_{\text{CSBD}}^{k}\|}\tag{6.18}$$

其中，$\boldsymbol{W}_{\text{CSBD}}^{k}$表示$\boldsymbol{W}_{\text{CSBD}}$的第 $k$ 列向量，$P_{0k}$表示第 $k$ 个 MU 的发射功率。

另外，当 $JK_{\text{S}}+K_{\text{M}}\leqslant M$ 时，ZF 预编码也可用于直接消除多 MU 和层间干扰。例如，定义如下信道矩阵：

$$\boldsymbol{H}_{\text{ZF}}=(\boldsymbol{h}_{001}^{\text{T}},\boldsymbol{h}_{002}^{\text{T}},\cdots,\boldsymbol{h}_{00K_{\text{M}}}^{\text{T}},\boldsymbol{h}_{011}^{\text{T}},\cdots,\boldsymbol{h}_{01K_{1}}^{\text{T}},\cdots,\boldsymbol{h}_{0C1}^{\text{T}},\cdots,\boldsymbol{h}_{0CK_{C}}^{\text{T}})^{\text{T}}\tag{6.19}$$

在此基础上，可得 ZF 预编码：

$$\boldsymbol{W}_{\text{ZF}}=\boldsymbol{H}_{\text{ZF}}^{\text{H}}(\boldsymbol{H}_{\text{ZF}}\boldsymbol{H}_{\text{ZF}}^{\text{H}})^{-1}\tag{6.20}$$

第 $k$ 个 MU 的预编码向量可以写为

$$\boldsymbol{v}_{0k}=\frac{\sqrt{P_{0k}}\boldsymbol{W}_{\text{ZF}}^{k}}{\|\boldsymbol{W}_{\text{ZF}}^{k}\|}\tag{6.21}$$

其中，$\boldsymbol{W}_{\text{ZF}}^{k}$是$\boldsymbol{W}_{\text{ZF}}$的第 $k$ 列向量。

对于 ZF 预编码，我们发现$\boldsymbol{H}_{\text{ZF}}\boldsymbol{H}_{\text{ZF}}^{\text{H}}$是一个$(JK_{\text{S}}+K_{\text{M}})\times(JK_{\text{S}}+K_{\text{M}})$矩阵，因此对式(6.20)中的高维矩阵进行逆运算会有极高的复杂度，尤其是当 SU 数量较多时。相反的，本章提出的 CSBD 预编码只需要对 $K_{\text{M}}\times K_{\text{M}}$ 的低维矩阵$\boldsymbol{H}_{\text{M}}\tilde{\boldsymbol{V}}_{\text{in}}\boldsymbol{H}_{\text{M}}^{\text{H}}$ 求逆，从而降低了设计复杂度。

## 6.5 基于非协作博弈的分簇 SC 预编码设计

第 $l$ 簇中第 $k$ 个 SU 的预编码向量为

$$\boldsymbol{v}_{lk}=\boldsymbol{T}_{lk}\boldsymbol{s}_{lk} \tag{6.22}$$

其中，$\boldsymbol{T}_{lk}$ 用于消除簇内干扰，$\boldsymbol{s}_{lk}$ 用于协调簇间干扰。

首先定义第 $l$ 簇中第 $k$ 个 SU 的簇内干扰信道如下：

$$\boldsymbol{H}_{lk}=(\boldsymbol{h}_{ll1}^{\mathrm{T}},\cdots,\boldsymbol{h}_{ll(k-1)}^{\mathrm{T}},\boldsymbol{h}_{ll(k+1)}^{\mathrm{T}},\cdots,\boldsymbol{h}_{llK_l}^{\mathrm{T}})^{\mathrm{T}} \tag{6.23}$$

其中，$\boldsymbol{H}_{lk}\in\mathbb{C}^{(K_l-1)\times N_l}$。然后，可以通过对 $\boldsymbol{H}_{lk}$ 进行 SVD 得到 $\boldsymbol{H}_{lk}$ 干扰信道矩阵的零空间。对于任意 $k$，$\boldsymbol{h}_{llk}$ 是相互独立的，进而得到

$$\boldsymbol{H}_{lk}=\boldsymbol{U}_{lk}\boldsymbol{\Sigma}_{lk}\,[\boldsymbol{V}_{lk}\,\widetilde{\boldsymbol{V}}_{lk}]^{\mathrm{H}} \tag{6.24}$$

其中，$\widetilde{\boldsymbol{V}}_{lk}\in\mathbb{C}^{N_l\times(N_l-K_l+1)}$ 表示 $\boldsymbol{H}_{lk}$ 零空间的正交基，即 $\boldsymbol{H}_{lk}\widetilde{\boldsymbol{V}}_{lk}=0$ 和 $\widetilde{\boldsymbol{V}}_{lk}^{\mathrm{H}}\widetilde{\boldsymbol{V}}_{lk}=\boldsymbol{I}$。因此可以得到 $\boldsymbol{T}_{lk}=\widetilde{\boldsymbol{V}}_{lk}$，将问题(6.8)进一步转换为

$$\max_{\{\boldsymbol{\Phi}_{lk}\}}\sum_{l=1}^{C}\sum_{k=1}^{K_l}\log_2\left(1+\frac{\boldsymbol{h}_{llk}\boldsymbol{T}_{lk}\boldsymbol{\Phi}_{lk}\boldsymbol{T}_{lk}^{\mathrm{H}}\boldsymbol{h}_{llk}^{\mathrm{H}}}{\sum\limits_{i\neq l}^{C}\sum\limits_{j=1}^{K_i}\boldsymbol{h}_{ilk}\boldsymbol{T}_{ij}\boldsymbol{\Phi}_{ij}\boldsymbol{T}_{ij}^{\mathrm{H}}\boldsymbol{h}_{ilk}^{\mathrm{H}}+\delta^2}\right) \tag{6.25a}$$

$$\text{s. t.}\quad \sum_{k=1}^{K_l}\mathrm{Tr}(\boldsymbol{B}_{O_l}\boldsymbol{T}_{lk}\boldsymbol{\Phi}_{lk}\boldsymbol{T}_{lk}^{\mathrm{H}})\leqslant P,\quad \forall\, l,O_l \tag{6.25b}$$

$$\mathrm{rank}(\boldsymbol{\Phi}_{lk})=1 \tag{6.25c}$$

其中，$\boldsymbol{\Phi}_{lk}=\boldsymbol{s}_{lk}\boldsymbol{s}_{lk}^{\mathrm{H}}\in\mathbb{C}^{(N_l-K_l+1)\times(N_l-K_l+1)}$。考虑单天线的 SU 和 $\boldsymbol{s}_{lk}$ 是一个 $(N_l-K_l+1)\times1$ 的向量，因此可以得到式(6.25c)。

接下来，定义 $\widetilde{\boldsymbol{h}}_{llk}=\boldsymbol{h}_{llk}\boldsymbol{T}_{lk}$，$\widetilde{\boldsymbol{h}}_{ilj}=\boldsymbol{h}_{ilk}\boldsymbol{T}_{ij}$，将问题最终转换为

$$\max_{\{\boldsymbol{\Phi}_{lk}\}}\sum_{l=1}^{C}\sum_{k=1}^{K_l}\widetilde{R}_{lk} \tag{6.26a}$$

$$\text{s. t.}\quad \sum_{k=1}^{K_l}\mathrm{Tr}(\boldsymbol{B}_{O_l}\boldsymbol{T}_{lk}\boldsymbol{\Phi}_{lk}\boldsymbol{T}_{lk}^{\mathrm{H}})\leqslant P,\quad \forall\, l,O_l \tag{6.26b}$$

$$\mathrm{rank}(\boldsymbol{\Phi}_{lk})=1 \tag{6.26c}$$

其中 $\widetilde{R}_{lk}=\log_2\left(1+(\widetilde{\boldsymbol{h}}_{llk}\boldsymbol{\Phi}_{lk}\widetilde{\boldsymbol{h}}_{llk}^{\mathrm{H}})/\left(\sum\limits_{i\neq l}^{C}\sum\limits_{j=1}^{K_i}\widetilde{\boldsymbol{h}}_{ilj}\boldsymbol{\Phi}_{ij}\widetilde{\boldsymbol{h}}_{ilj}^{\mathrm{H}}+\delta^2\right)\right)$。由于目标函数式(6.26a)和秩一约束式(6.26c)的非凸性，因此式(6.26)是一个非凸优化问题。式(6.26)中的问题即使通过集中式算法也很难直接解决。因此，本章设计了一种基于非协作博弈的分布式方案，而且证明了其 NE 的存在性和唯一性，并提出一种迭代算法来获得 NE 解。

### 6.5.1　非协作博弈模型

在一定干扰价格下，分簇用户的非协作博弈可定义为

$$G=\{C,\{\boldsymbol{\Phi}_l\}_{l\in C},\{U_l(\boldsymbol{m},\boldsymbol{\Phi}_l,\boldsymbol{\Phi}_{-l})\}\} \tag{6.27}$$

其中：$\mathbf{C}=\{1,2,\cdots,C\}$是所有簇的集合；$\boldsymbol{\Phi}_l=(\boldsymbol{\Phi}_{l1}^{\mathrm{T}},\boldsymbol{\Phi}_{l2}^{\mathrm{T}},\cdots,\boldsymbol{\Phi}_{lK_l}^{\mathrm{T}})^{\mathrm{T}}(l\in L)$表示第$l$簇的预编码矩阵；$U_l(\boldsymbol{m},\boldsymbol{\Phi}_l,\boldsymbol{\Phi}_{-l})$是第$l$簇的效用函数；$\boldsymbol{m}=(m_1,m_2,\cdots,m_C)$表示簇的干扰价格；$\boldsymbol{\Phi}_{-l}=(\boldsymbol{\Phi}_1^{\mathrm{T}},\boldsymbol{\Phi}_2^{\mathrm{T}},\cdots,\boldsymbol{\Phi}_{l-1}^{\mathrm{T}},\cdots,\boldsymbol{\Phi}_{l+1}^{\mathrm{T}},\cdots,\boldsymbol{\Phi}_C^{\mathrm{T}})^{\mathrm{T}}$是其他$C-1$簇的预编码矩阵，效用函数定义如下：

$$\begin{aligned}U_l(\boldsymbol{m},\boldsymbol{\Phi}_l,\boldsymbol{\Phi}_{-l})&=\sum_{k=1}^{K_l}\widetilde{R}_{lk}-\sum_{k=1}^{K_l}L_{lk}(\boldsymbol{\Phi}_{lk})\\&=\sum_{k=1}^{K_l}\widetilde{R}_{lk}-\sum_{k=1}^{K_l}\sum_{i\neq l}^{C}\sum_{j=1}^{K_i}m_i\,\boldsymbol{h}_{lij}\,\boldsymbol{T}_{lk}\,\boldsymbol{\Phi}_{lk}\,\boldsymbol{T}_{lk}^{\mathrm{H}}\boldsymbol{h}_{lij}^{\mathrm{H}}\end{aligned} \tag{6.28}$$

其中，$L_{lk}$表示第$l$簇中第$k$个SU的预编码向量对其他$C-1$簇中所有SU的干扰。

从式(6.28)中可以发现，效用函数的第二项考虑了对其他集群产生干扰而产生的成本，这阻止了第$l$簇自私地最大化其自身的总速率。然而，当干扰价格向量$\boldsymbol{m}=0$时，集群将唯一地最大化其自身的总速率。

因此，对于分簇用户$l(l\in C)$，需要解决以下问题：

$$\max_{\{\boldsymbol{\Phi}_{lk}\}}\ U_l(\boldsymbol{m},\boldsymbol{\Phi}_l,\boldsymbol{\Phi}_{-l}) \tag{6.29a}$$

$$\text{s.t.}\quad \sum_{k=1}^{K_l}\mathrm{Tr}(\boldsymbol{B}_{O_l}\boldsymbol{T}_{lk}\boldsymbol{\Phi}_{lk}\boldsymbol{T}_{lk}^{\mathrm{H}})\leqslant P,\quad \forall\, l,O_l \tag{6.29b}$$

$$\mathrm{rank}(\boldsymbol{\Phi}_{lk})=1,\quad \forall\, k \tag{6.29c}$$

问题(6.29)包括了非凸约束(6.29c)。为了克服非凸性的障碍，首先在没有秩1约束的情况下对问题进行重构，然后保证得到的闭形式解是秩1的。因此可将优化问题表述如下：

$$\max_{\{\boldsymbol{\Phi}_{lk}\}}\ U_l(\boldsymbol{m},\boldsymbol{\Phi}_l,\boldsymbol{\Phi}_{-l}) \tag{6.30a}$$

$$\text{s.t.}\quad \sum_{k=1}^{K_l}\mathrm{Tr}(\boldsymbol{B}_{O_l}\boldsymbol{T}_{lk}\boldsymbol{\Phi}_{lk}\boldsymbol{T}_{lk}^{\mathrm{H}})\leqslant P,\quad \forall\, O_l \tag{6.30b}$$

NE的定义为：如果$\boldsymbol{\Phi}_l$是每个用户$l$对$\boldsymbol{\Phi}_{-l}$的最佳策略，那么一个策略配置$\boldsymbol{\Phi}=(\boldsymbol{\Phi}_1^{\mathrm{T}},\boldsymbol{\Phi}_2^{\mathrm{T}},\cdots,\boldsymbol{\Phi}_C^{\mathrm{T}})^{\mathrm{T}}$就是一个NE，则满足：

$$U_l(\boldsymbol{m},\boldsymbol{\Phi}_l,\boldsymbol{\Phi}_{-l})\geqslant U_l(\boldsymbol{m},\boldsymbol{\Phi}'_l,\boldsymbol{\Phi}_{-l}),\quad l\in\{1,2,\cdots,C\} \tag{6.31}$$

其中，$\boldsymbol{\Phi}'_l$是策略空间中用户$l$的任意策略配置。

**定理 6.1**　在式(6.27)中存在一个非协作博弈的NE。

**证明**：根据纳什定理[12]，如果满足以下条件，则NE存在：

(1) 每个玩家的动作空间是凸且紧凑的；

(2) 效用函数$U_l(\boldsymbol{m},\boldsymbol{\Phi}_l,\boldsymbol{\Phi}_{-l})$相对于$\boldsymbol{\Phi}_l$是凸的。

根据式(6.30b),可以很容易地使动作空间$\boldsymbol{\Phi}_l$满足上述条件1,但仍需要证明$U_l(\boldsymbol{m},\boldsymbol{\Phi}_l,\boldsymbol{\Phi}_{-l})$相对于$\boldsymbol{\Phi}_l$是凸的。

$$\begin{aligned} U_l(\boldsymbol{m},\boldsymbol{\Phi}_l,\boldsymbol{\Phi}_{-l}) &= \sum_{k=1}^{K_l}\hat{U}_{lk}(\boldsymbol{m},\boldsymbol{\Phi}_l,\boldsymbol{\Phi}_{-l}) = \sum_{k=1}^{K_l}(\widetilde{R}_{lk}-L_{lk}) \\ &= \sum_{k=1}^{K_l}\left(\log_2\left(1+\frac{\widetilde{\boldsymbol{h}}_{llk}\boldsymbol{\Phi}_{lk}\widetilde{\boldsymbol{h}}_{llk}^{\mathrm{H}}}{\Xi_{lk}+\delta^2}\right)-\sum_{j\neq l}^{C}\sum_{i=1}^{K_i}m_j\boldsymbol{h}'_{lji}\boldsymbol{T}_{lk}\boldsymbol{\Phi}_{lk}\boldsymbol{T}_{lk}^{\mathrm{H}}\boldsymbol{h}'^{\mathrm{H}}_{lji}\right) \end{aligned} \tag{6.32}$$

其中,$\Xi_{lk}=\sum_{i\neq l}^{C}\sum_{j=1}^{K_i}\widetilde{\boldsymbol{h}}_{ilj}\boldsymbol{\Phi}_{ij}\widetilde{\boldsymbol{h}}_{ilj}^{\mathrm{H}}$,然后可以得到

$$\frac{\partial^2\hat{U}_{lk}(\boldsymbol{m},\boldsymbol{\Phi}_l,\boldsymbol{\Phi}_{-l})}{\partial^2\boldsymbol{\Phi}_{lk}}=-\frac{\Xi_{lk}+\delta^2}{\ln 2}\frac{\widetilde{\boldsymbol{h}}_{lk}^{\mathrm{H}}\widetilde{\boldsymbol{h}}_{lk}(\widetilde{\boldsymbol{h}}_{lk}^{\mathrm{H}}\widetilde{\boldsymbol{h}}_{lk})^{\mathrm{H}}}{(\Xi_{lk}+\delta^2+\widetilde{\boldsymbol{h}}_{llk}\boldsymbol{\Phi}_{lk}\widetilde{\boldsymbol{h}}_{llk}^{\mathrm{H}})^2}\leq 0 \tag{6.33}$$

根据式(6.33),可以验证$\hat{U}_{lk}(\boldsymbol{m},\boldsymbol{\Phi}_l,\boldsymbol{\Phi}_{-l})$相对于$\boldsymbol{\Phi}_l$是凸的[13],因此效用函数$U_l(\boldsymbol{m},\boldsymbol{\Phi}_l,\boldsymbol{\Phi}_{-l})$是关于$\boldsymbol{\Phi}_l$的凸函数。

因此,式(6.30)是一个凸问题,并且存在一个NE。

证毕。

## 6.5.2 非协作博弈的求解方案

在证明NE的唯一性之前,首先求解优化问题(6.30),在该问题中,一个SC簇针对给定的其他SC簇的策略获得了最佳响应。由于已经证明式(6.30)中的目标函数是关于$\boldsymbol{\Phi}_l$的凸函数,而约束条件是关于$\boldsymbol{\Phi}_l$的凸集,因此式(6.30)是一个凸优化问题,可以使用标准凸优化技术来解决,如内点法[13]和标准行列式最大化(MAXDET)软件[14]。但是,本章的目的是设计一种求解式(6.30)的算法,该算法基于拉格朗日对偶方法[13]。

式(6.30)的拉格朗日对偶函数定义为

$$g(\boldsymbol{\mu}_l)=\max_{\boldsymbol{\Phi}_l\geq 0}L(\boldsymbol{\Phi}_l,\boldsymbol{\mu}_l) \tag{6.34}$$

其中

$$\begin{aligned} L(\boldsymbol{\Phi}_l,\boldsymbol{\mu}_l) &= \sum_{k=1}^{K_l}\left(\log_2\left(1+\frac{\widetilde{\boldsymbol{h}}_{llk}\boldsymbol{\Phi}_{lk}\widetilde{\boldsymbol{h}}_{llk}^{\mathrm{H}}}{\Xi_{lk}+\delta^2}\right)-\sum_{i\neq l}^{C}\sum_{j=1}^{K_i}m_i\boldsymbol{h}_{lij}\boldsymbol{T}_{lk}\boldsymbol{\Phi}_{lk}\boldsymbol{T}_{lk}^{\mathrm{H}}\boldsymbol{h}_{lij}^{\mathrm{H}}\right)+ \\ &\quad \sum_{O_l=1}^{C_l}\mu_{O_l}\left(P-\sum_{k=1}^{K_l}\mathrm{Tr}(\boldsymbol{B}_{O_l}\boldsymbol{T}_{lk}\boldsymbol{\Phi}_{lk}\boldsymbol{T}_{lk}^{\mathrm{H}})\right) \\ &= \sum_{k=1}^{K_l}\left(\log_2\left(1+\frac{\widetilde{\boldsymbol{h}}_{llk}\boldsymbol{\Phi}_{lk}\widetilde{\boldsymbol{h}}_{llk}^{\mathrm{H}}}{\Xi_{lk}+\delta^2}\right)-\sum_{i\neq l}^{C}\sum_{j=1}^{K_i}\boldsymbol{m}_i\boldsymbol{h}_{lij}\boldsymbol{T}_{lk}\boldsymbol{\Phi}_{lk}\boldsymbol{T}_{lk}^{\mathrm{H}}\boldsymbol{h}_{lij}^{\mathrm{H}}\right)- \\ &\quad \sum_{O_l=1}^{C_l}\mu_{O_l}\mathrm{Tr}(\boldsymbol{B}_{O_l}\boldsymbol{T}_{lk}\boldsymbol{\Phi}_{lk}\boldsymbol{T}_{lk}^{\mathrm{H}})+\sum_{O_l=1}^{C_l}\mu_{O_l}P \end{aligned} \tag{6.35}$$

其中,$\boldsymbol{\mu}_l=(\mu_1,\cdots,\mu_{C_l})$是一个对偶向量,每个变量与式(6.30b)中给出的一个相应功率约束相关。因此,对偶优化问题如下:

$$\min_{\boldsymbol{\Phi}_l \geq 0} g(\boldsymbol{\mu}_l) \tag{6.36}$$

很明显式(6.36)是一个满足斯莱特条件的凸函数[13]，所以式(6.30)和式(6.36)的最优目标值之间的对偶间隙为零，所以可以求解式(6.36)得到式(6.30)的最优值。次梯度法[13]可用于最小化 $g(\boldsymbol{\mu}_l)$，对偶变量$\boldsymbol{\mu}_l$ 更新规则如下：

$$\mu_{O_l}(n+1) = \left[\mu_{O_l}(n) + \zeta(n)\left(P - \sum_{k=1}^{K_l} \mathrm{Tr}(\boldsymbol{B}_{O_l} \boldsymbol{T}_{lk} \boldsymbol{\Phi}_{lk} \boldsymbol{T}_{lk}^{\mathrm{H}})\right)\right]^{+} \tag{6.37}$$

其中，$\zeta(n)$是递减步长，$n$ 是迭代次数。

此外，解决对偶问题(6.36)需要确定给定对偶变量$\boldsymbol{\mu}_l$ 时的最优$\boldsymbol{\Phi}_l$，接下来固定$\boldsymbol{\mu}_l$ 解决$\boldsymbol{\Phi}_l$。可以发现问题(6.34)可以分成 $K_l$ 个独立的子问题，每个子问题只涉及$\boldsymbol{\Phi}_l$。对于一个固定的$\boldsymbol{\mu}_l$，$\sum_{O_l=1}^{C_l}\mu_{O_l}P$ 是一个常量，对于第 $l$ 簇中第$k$ 个 SU，其相应的子问题可以表示为

$$\begin{aligned}\max_{\boldsymbol{\Phi}_l \geq 0}\ & \log_2\left(1 + \frac{\widetilde{\boldsymbol{h}}_{llk} \boldsymbol{\Phi}_{lk} \widetilde{\boldsymbol{h}}_{llk}^{\mathrm{H}}}{\Xi_{lk} + \delta^2}\right) - \sum_{i \neq l}^{C} \sum_{j=1}^{K_i} m_i \boldsymbol{h}_{lij} \boldsymbol{T}_{lk} \boldsymbol{\Phi}_{lk} \boldsymbol{T}_{lk}^{\mathrm{H}} \boldsymbol{h}_{lij}^{\mathrm{H}} - \\ & \mathrm{Tr}(\boldsymbol{B}_{O_l} \boldsymbol{T}_{lk} \boldsymbol{\Phi}_{lk} \boldsymbol{T}_{lk}^{\mathrm{H}})\end{aligned} \tag{6.38}$$

其中，$\boldsymbol{B}_{\mu} = \sum_{O_l=1}^{C_l}\mu_{O_l} \boldsymbol{B}_{O_l}$。将式(6.38)的目标函数定义为 $L(\boldsymbol{\Phi}_{lk})$，得到

$$\begin{aligned} L(\boldsymbol{\Phi}_{lk}) &= \log_2\left(1 + \frac{\widetilde{\boldsymbol{h}}_{llk} \boldsymbol{\Phi}_{lk} \widetilde{\boldsymbol{h}}_{llk}^{\mathrm{H}}}{\Xi_{lk} + \delta^2}\right) - \sum_{i \neq l}^{C} \sum_{j=1}^{K_i} m_i \mathrm{Tr}(\boldsymbol{\Phi}_{lk} \boldsymbol{T}_{lk}^{\mathrm{H}} \boldsymbol{h}_{lij}^{\mathrm{H}} \boldsymbol{h}_{lij} \boldsymbol{T}_{lk}) - \\ &\quad \mathrm{Tr}(\boldsymbol{\Phi}_{lk} \boldsymbol{T}_{lk}^{\mathrm{H}} \boldsymbol{B}_{\mu} \boldsymbol{T}_{lk}) \\ &= \log_2\left(1 + \frac{\widetilde{\boldsymbol{h}}_{llk} \boldsymbol{\Phi}_{lk} \widetilde{\boldsymbol{h}}_{llk}^{\mathrm{H}}}{\Xi_{lk} + \delta^2}\right) - \mathrm{Tr}\left(\boldsymbol{\Phi}_{lk}\left(\sum_{i \neq l}^{C} \sum_{j=1}^{K_i} m_i \boldsymbol{\Phi}_{lk} \boldsymbol{T}_{lk}^{\mathrm{H}} \boldsymbol{h}_{lij}^{\mathrm{H}} \boldsymbol{h}_{lij} \boldsymbol{T}_{lk}\right)\right) - \\ &\quad \mathrm{Tr}(\boldsymbol{\Phi}_{lk} \boldsymbol{T}_{lk}^{\mathrm{H}} \boldsymbol{B}_{\mu} \boldsymbol{T}_{lk}) \\ &= \log_2\left(1 + \frac{\widetilde{\boldsymbol{h}}_{llk} \boldsymbol{\Phi}_{lk} \widetilde{\boldsymbol{h}}_{llk}^{\mathrm{H}}}{\Xi_{lk} + \delta^2}\right) - \mathrm{Tr}(\boldsymbol{Z}_{lk} \boldsymbol{\Phi}_{lk}) \end{aligned} \tag{6.39}$$

其中，$\boldsymbol{Z}_{lk} = \sum_{i \neq l}^{C} \sum_{j=1}^{K_i} m_i \boldsymbol{\Phi}_{lk} \boldsymbol{T}_{lk}^{\mathrm{H}} \boldsymbol{h}_{lij}^{\mathrm{H}} \boldsymbol{h}_{lij} \boldsymbol{T}_{lk} + \boldsymbol{T}_{lk}^{\mathrm{H}} \boldsymbol{B}_{\mu} \boldsymbol{T}_{lk}$，$\boldsymbol{Z}_{lk} \in \mathbb{C}^{(N_l-K_l+1)\times(N_l-K_l+1)}$。对于上述推导，应用了 $\mathrm{Tr}(\boldsymbol{XY})=\mathrm{Tr}(\boldsymbol{YX})$和 $a\mathrm{Tr}(\boldsymbol{X})+b\mathrm{Tr}(\boldsymbol{Y})=\mathrm{Tr}(a\boldsymbol{X}+b\boldsymbol{Y})$，然后有下面的定理。

**定理 6.2** 如果式(6.38)中的目标函数值是有限的，则矩阵$\boldsymbol{Z}_{lk}$应该是正定的。

**证明：** 由于$\boldsymbol{Z}_{lk}$是一个对称矩阵，因此我们只需要证明$\boldsymbol{Z}_{lk}$是一个满秩矩阵。假设$\boldsymbol{Z}_{lk}$不是满秩矩阵，则总能找到一个向量$\boldsymbol{q}_{lk} \in \mathbb{C}^{(N_l-K_l+1)\times 1}$使得$\boldsymbol{Z}_{lk}\boldsymbol{q}_{lk}=\boldsymbol{0}$ 且 $\widetilde{\boldsymbol{h}}_{llk}\boldsymbol{q}_{lk} \neq \boldsymbol{0}$。在此基础上，假设最优$\boldsymbol{\Phi}_{lk}^{*} = x\,\boldsymbol{q}_{lk}\boldsymbol{q}_{lk}^{\mathrm{H}}\,(x \geqslant 0)$，并将其代入式(6.38)可得

$$\log_2\left(1+\frac{\widetilde{\boldsymbol{h}}_{llk}\boldsymbol{\Phi}_{lk}^{*}\widetilde{\boldsymbol{h}}_{llk}^{\mathrm{H}}}{\Xi_{lk}+\delta^2}\right)-\mathrm{Tr}(\boldsymbol{Z}_{lk}\boldsymbol{\Phi}_{lk}^{*})=\log_2\left(1+\frac{x\widetilde{\boldsymbol{h}}_{llk}\boldsymbol{q}_{lk}\boldsymbol{q}_{lk}^{\mathrm{H}}\widetilde{\boldsymbol{h}}_{llk}^{\mathrm{H}}}{\Xi_{lk}+\delta^2}\right) \tag{6.40}$$

因为 $\widetilde{\boldsymbol{h}}_{llk}\boldsymbol{q}_{lk}\boldsymbol{q}_{lk}^{\mathrm{H}}\widetilde{\boldsymbol{h}}_{llk}^{\mathrm{H}} > 0$，所以当 $x$ 趋于无穷大时目标函数是无界的，因此$\boldsymbol{Z}_{lk}$是一个正定矩阵。

然后，将$\boldsymbol{\Phi}_{lk}$改写为它最初的形式，即$\boldsymbol{\Phi}_{lk}=\boldsymbol{s}_{lk}\boldsymbol{s}_{lk}^{\mathrm{H}}$。相应的，问题(6.38)可以转换如下：

$$\max_{\boldsymbol{s}_{lk}\geq 0}\ \log_2\left(1+\frac{\widetilde{\boldsymbol{h}}_{llk}\boldsymbol{\Phi}_{lk}\widetilde{\boldsymbol{h}}_{llk}^{\mathrm{H}}}{\Xi_{lk}+\delta^2}\right)-\boldsymbol{s}_{lk}^{\mathrm{H}}\boldsymbol{Z}_{lk}\boldsymbol{s}_{lk} \tag{6.41}$$

根据乔莱斯基分解[15]，$\boldsymbol{Z}_{lk}$是正定矩阵时可以得到$\boldsymbol{Z}_{lk}=\hat{\boldsymbol{Z}}_{lk}\hat{\boldsymbol{Z}}_{lk}^{\mathrm{H}}$且$\hat{\boldsymbol{Z}}_{lk}$可逆。定义$\hat{\boldsymbol{s}}_{lk}=\boldsymbol{s}_{lk}^{\mathrm{H}}\hat{\boldsymbol{Z}}_{lk}$，将式(6.41)转换为

$$\max_{\boldsymbol{s}_{lk}\geq 0}\ \log_2\left(1+\frac{\widetilde{\boldsymbol{h}}_{llk}\hat{\boldsymbol{Z}}_{lk}^{-\mathrm{H}}\hat{\boldsymbol{s}}_{lk}^{\mathrm{H}}\hat{\boldsymbol{s}}_{lk}\hat{\boldsymbol{Z}}_{lk}^{-1}\widetilde{\boldsymbol{h}}_{llk}^{\mathrm{H}}}{\Xi_{lk}+\delta^2}\right)-\hat{\boldsymbol{s}}_{lk}\hat{\boldsymbol{s}}_{lk}^{\mathrm{H}} \tag{6.42}$$

接下来，定义$\boldsymbol{a}_{lk}=\widetilde{\boldsymbol{h}}_{llk}\hat{\boldsymbol{Z}}_{lk}^{-\mathrm{H}}/\|\widetilde{\boldsymbol{h}}_{llk}\hat{\boldsymbol{Z}}_{lk}^{-\mathrm{H}}\|$，很明显，最佳预编码$\hat{\boldsymbol{s}}_{lk}$与$\boldsymbol{a}_{lk}$方向相同，即$\hat{\boldsymbol{s}}_{lk}=\sqrt{p_{lk}}\boldsymbol{a}_{lk}$，其中$p_{lk}$需要进行优化以最大化式(6.42)。在此基础上，将$\hat{\boldsymbol{s}}_{lk}=\sqrt{p_{lk}}\boldsymbol{a}_{lk}$代入式(6.42)，得到如下优化问题：

$$\max_{p_{lk}\geq 0}\ \log_2\left(1+\frac{p_{lk}\alpha_{lk}}{\Xi_{lk}+\delta^2}\right)-p_{lk} \tag{6.43}$$

其中，$\alpha_{lk}=\|\widetilde{\boldsymbol{h}}_{llk}\hat{\boldsymbol{Z}}_{lk}^{-\mathrm{H}}\|^2$。最优的$p_{lk}$可以通过标准注水算法得到[13]：

$$p_{lk}=\left(\frac{1}{\ln 2}-\frac{\Xi_{lk}+\delta^2}{\alpha_{lk}}\right)^+ \tag{6.44}$$

最后，可获得如下预编码：

$$\begin{cases}\boldsymbol{s}_{lk}=\sqrt{p_{lk}}(\boldsymbol{a}_{lk}\hat{\boldsymbol{Z}}_{lk}^{-1})^{\mathrm{H}}\\ \boldsymbol{\Phi}_{lk}=p_{lk}(\boldsymbol{a}_{lk}\hat{\boldsymbol{Z}}_{lk}^{-1})^{\mathrm{H}}\boldsymbol{a}_{lk}\hat{\boldsymbol{Z}}_{lk}^{-1}\end{cases} \tag{6.45}$$

从式(6.45)可知，$\boldsymbol{\Phi}_{lk}$是秩一解。因此通过提出的算法，松弛问题(6.30)的解也是原始问题(6.29)的解。基于上述结果，可有以下定理。

**定理 6.3** 式(6.27)中的非协作博弈存在唯一的NE。

**证明**：在文献[16]中定义了标准函数，用来证明非合作博弈的NE的唯一性。定义$\boldsymbol{\Phi}_{lk}=\boldsymbol{\Phi}_{lk}(\Xi_{lk})$，即除$\Xi_{lk}$之外的其他参数($\boldsymbol{m}$和$\boldsymbol{\mu}_l$)可以作为给定的常数。接下来，需要证明$\boldsymbol{\Phi}_{lk}(\Xi_{lk})$是相对于$\Xi_{lk}$的标准函数，它必须满足：

(1) 非负：$\boldsymbol{\Phi}_{lk}(\Xi_{lk})\geq 0$；

(2) 单调；

(3) 可缩放：对于任何$\lambda>1$，$\lambda\boldsymbol{\Phi}_{lk}(\Xi_{lk})>\boldsymbol{\Phi}_{lk}(\lambda\Xi_{lk})$。

首先，将$\boldsymbol{\Phi}_{lk}$改写为

$$\boldsymbol{\Phi}_{lk}(\Xi_{lk})=\left(\frac{1}{\ln 2}-\frac{\Xi_{lk}+\delta^2}{\alpha_{lk}}\right)^+\boldsymbol{\Theta}_{lk} \tag{6.46}$$

其中，$\boldsymbol{\Theta}_{lk}=(\boldsymbol{a}_{lk}\hat{\boldsymbol{Z}}_{lk}^{-1})^{\mathrm{H}}\boldsymbol{a}_{lk}\hat{\boldsymbol{Z}}_{lk}^{-1}$。

由式(6.46)可知，$\boldsymbol{\Theta}_{lk}\geq 0$且$\boldsymbol{\Phi}_{lk}(\Xi_{lk})$是一个单调递减的函数，因此，(1)和(2)成立。接下来重点证明(3)。

$$\begin{aligned}
\lambda \boldsymbol{\Phi}_{lk}(\Xi_{lk}) &> \boldsymbol{\Phi}_{lk}(\lambda\Xi_{lk}) \\
&= \lambda\left(\frac{1}{\ln 2}-\frac{\Xi_{lk}+\delta^2}{\alpha_{lk}}\right)^{+}\boldsymbol{\Theta}_{lk}-\left(\frac{1}{\ln 2}-\frac{\lambda\Xi_{lk}+\delta^2}{\alpha_{lk}^2}\right)^{+}\boldsymbol{\Theta}_{lk} \\
&= (\lambda-1)\left(\frac{1}{\ln 2}-\frac{\delta^2}{\alpha_{lk}^2}\right)^{+}\boldsymbol{\Theta}_{lk} \\
&> (\lambda-1)\left(\frac{1}{\ln 2}-\frac{\Xi_{lk}+\delta^2}{\alpha_{lk}^2}\right)^{+}\boldsymbol{\Theta}_{lk} \\
&= (\lambda-1)\boldsymbol{\Phi}_{lk}(\Xi_{lk}) \\
&\geq 0
\end{aligned} \tag{6.47}$$

根据式(6.47),可以验证上述(3)成立,$\boldsymbol{\Phi}_{lk}(\Xi_{lk})$是一个关于$\Xi_{lk}$的标准函数。由于一个标准函数将收敛到一个唯一的值,因此非合作博弈式(6.30)的NE是唯一的。

### 6.5.3 非协作博弈中的NE搜索算法

对于SC簇,SBS通过高速回程链路将SU的CSI发送到MBS。然后,MBS根据预定义的干扰阈值执行算法6.1,通过回程链路将最终分簇信息以每个分簇的干扰价格传达给SBS。形成簇后,每个簇都会设置初始可行的预编码(假设其中一个SBS负责预编码设计,并表示为SBS簇头)。由于SBS簇头已经通过相同簇的SBS之间共享而获得了所有CSI,因此当SU将接收到的干扰发送回SBS报头时,可以计算出预编码。当SU发送回更新后的干扰时,SBS簇头将更新其预编码,并且执行该过程直至收敛。假设分簇之间的干扰价格和预编码策略的更新是理想同步状态。根据以上分析可以发现,分簇之间不需要信息交换。最后将每个集群的分布式预编码设计方案总结为算法6.2。

**算法6.2:**基于非合作博弈的分簇预编码设计

1. 根据算法6.1形成多个SBS簇
2. 给定价格向量$\boldsymbol{m}$,初始化可行预编码$\boldsymbol{\Phi}^{(0)}=(\boldsymbol{\Phi}_1^{(0)},\boldsymbol{\Phi}_2^{(0)},\cdots,\boldsymbol{\Phi}_C^{(0)})$,设置迭代计数$n=1$。
3. 循环
4. 为每个簇$l\in\{1,2,\cdots,C\}$设计预编码
5. 初始化$\boldsymbol{\mu}_l$
6. 循环
7. 根据式(6.45)计算$\boldsymbol{\Phi}_{lk}(k=1,2,\cdots,K_l)$
8. 根据式(6.37)更新对偶变量
9. 当$\boldsymbol{\mu}_l$收敛时循环结束
10. 求出$\boldsymbol{\Phi}^{(n)}$
11. $n=n+1$
12. 对于给定的$\xi$,当满足$\|\boldsymbol{\Phi}^{(n)}-\boldsymbol{\Phi}^{(n-1)}\|\leqslant\xi$时结束循环
13. 获得最佳预编码$\boldsymbol{\Phi}^{(n)}$

# 6.6 仿真结果和分析

本节提供仿真结果来评估所提出方案的性能。考虑一个半径为 500 m 的单个 MC，其中 MBS 位于 MC 的中心，而 MU 随机分布在 MC 中。假设 MC 孔的半径为 100 m（所有 MU 和 SU 不在此区域内），每个 SC 的半径为 40 m，其中所有 SC 随机位于 MC 内，但它们的覆盖范围彼此不重叠。SU 和 SBS 之间的最小距离为 5 m。为简单起见，假定不同集群的所有价格相同。其他相关的仿真参数在表 6.1 中列出。

**表 6.1　仿真参数**

| 参数 | 数值 |
| --- | --- |
| MC 的半径 | 500 m |
| SC 的半径 | 40 m |
| MU 的数量 | 20 |
| SC 的数量 | 20 |
| 每个 SC 的 SU 数量 | 2 |
| SBS 天线数量 | 2 |
| MBS 天线数量 | 500 |
| MBS 发射功率 | 46 dBm |
| SBS 最大发射功率 | 30 dBm |
| MBS 与 MU 或 SU 之间的路径损耗 | $27.3+39.1\log 10(d)$ |
| SBS 与 MU 或 SU 之间的路径损耗 | $36.8+36.7\log 10(d)$ |
| 下行带宽 | 10 MHz |
| 噪声功率 | −174 dBm/Hz |

图 6.5 展示了不同干扰价格下的收敛速度，其中 $\gamma_{th}=-110$ dB。可以清楚地发现，SU 的下行链路总速率在 6 次迭代后最大化，并且不同干扰价格下的总速率是不同的。为清楚地分析干扰价格对系统性能的影响，图 6.6 展示了具有干扰价格 $m$ 的 SU 下行链路总速率。可以发现，总速率随着 $m$ 先增加后减少。换句话说，在某个 $\gamma_{th}$ 下存在最大化总速率的最优 $m$。因此可以使用一些简单的方法，如一维搜索来找到获得最大总速率的最佳 $m$。同时，可以发现总速率随着 $\gamma_{th}$ 的减小而增大，这是因为形成了更多更大尺寸的簇，从而抵消了

更多的干扰。

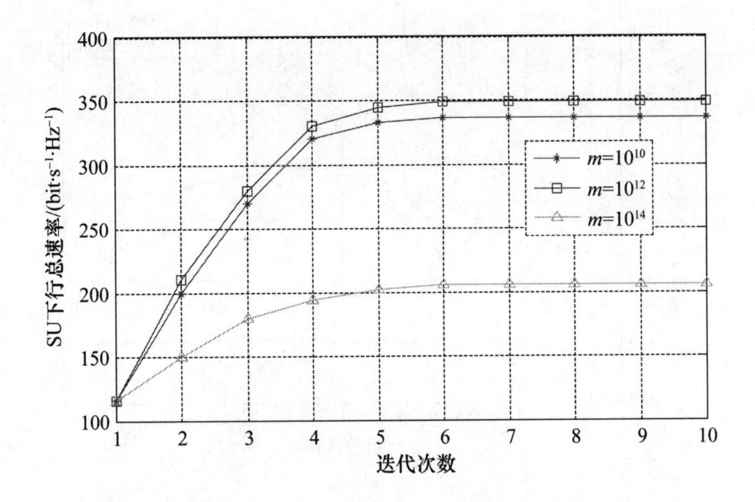


图 6.5 所提算法的收敛性

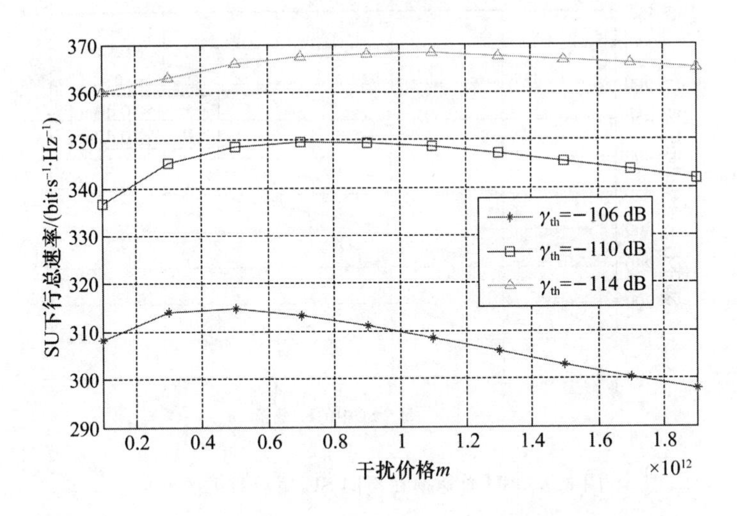


图 6.6 SU 总速率在不同干扰价格与干扰门限下的变化

图 6.7 展示了不同 SBS 发射功率下 SU 总速率与 $m$ 的关系，其中 $\gamma_{th}=-110$ dB。当单个 SBS 的最大发射功率较高时，如图 6.6 所示，总速率随 $m$ 先增大后减小，但当单个 SBS 的最大发射功率较低时，$m$ 对总速率的影响较慢。这是因为对于前者来说，为了避免簇间严重干扰，不允许单个 SBS 完全传输这么大的功率。相反，对于后者，单个 SBS 几乎可以传输整体功率以提高总速率。

图 6.8 展示了每个 SC 中 SU 总速率与 SU 数量的关系，其中 $\gamma_{th}=-104$ dB，$N=6$。可以观察到，总速率随 SU 数量的增加而增加，但增加的比率却减小了，这是因为更多 SU 会导致更大的增益差距并提高总速率，然而由于总发射功率是恒定的，因此增加的总速率受到限制。

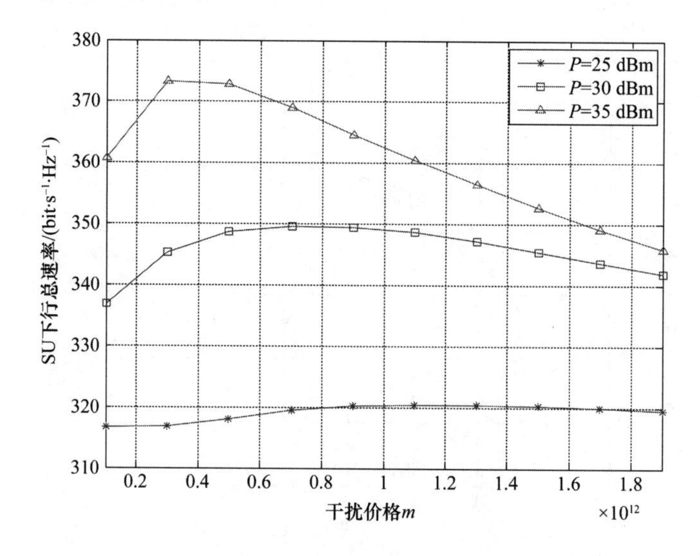


图 6.7　SU 总速率在不同干扰价格和发射功率下的变化

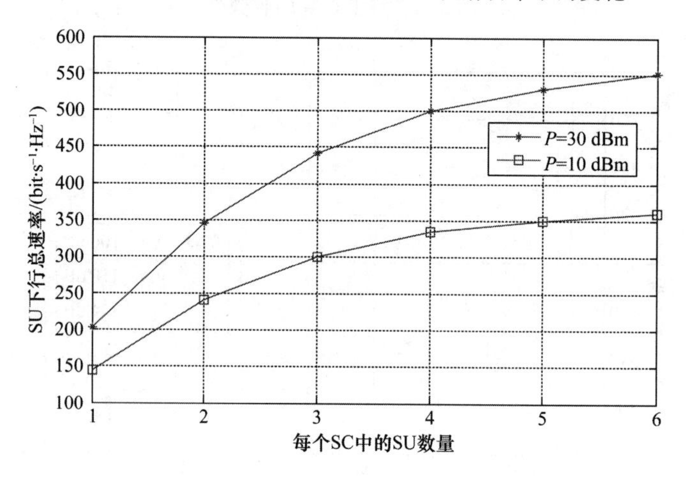


图 6.8　SU 总速率在不同 SU 用户数下的变化

图 6.9 和图 6.10 分别展示了下行链路总速率以及发射功率与单个 SBS 的最大发射功率的关系。很容易理解，总速率随着最大发射功率而增加。然而，由于 SC 簇之间的干扰，总速率的增加是有限的，尤其是对于较低的 $\gamma_{th}$，其详细原因如图 6.10 所示，当每个 SBS 的最大发射功率较低时，由于簇间干扰较弱，发射功率会被充分利用。然而，为了避免严重的干扰，随着最大发射功率的增加，不允许单个 SBS 的发射功率过高。

图 6.11 展示了 MU 的下行总速率与 MBS 天线数量的关系。图中“常规 ZF 预编码”表示在 MBS 上仅应用 ZF 预编码来消除多 MU 干扰，而所提出的 CSBD 预编码方案可以同时消除层间干扰和多 MU 干扰。从图 6.11 中可以发现，所提出的 CSBD 预编码的 MU 的下行总速率总是低于常规 ZF 预编码，但是当 MBS 天线数量较大时，总速率差距很小，这是因为当应用 CSBD 预编码时，MBS 需要牺牲一些 DoF 来消除 SU 的干扰，从而导致 MU 的总速率降低。

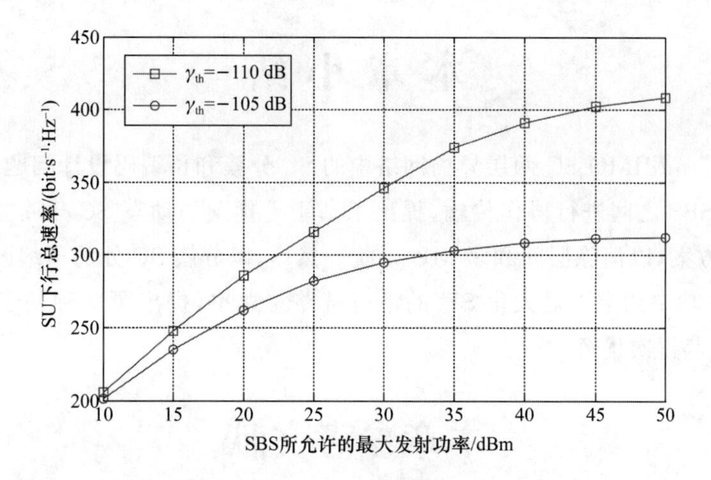


图 6.9 SU 总速率在不同 SBS 发射功率下的变化

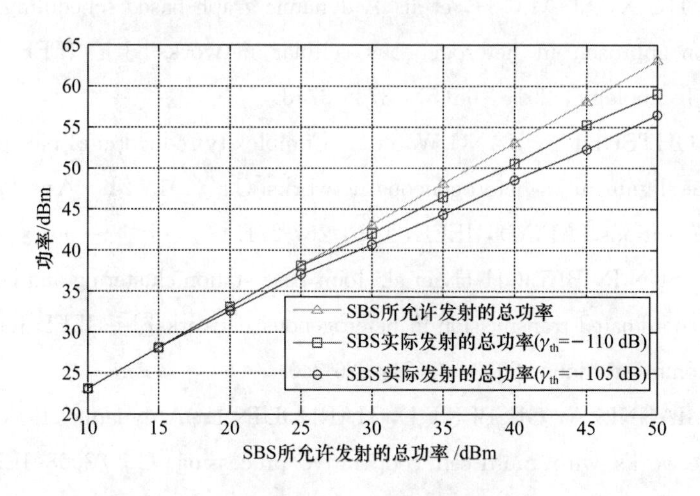


图 6.10 SBS 发射功率在不同干扰门限下的变化

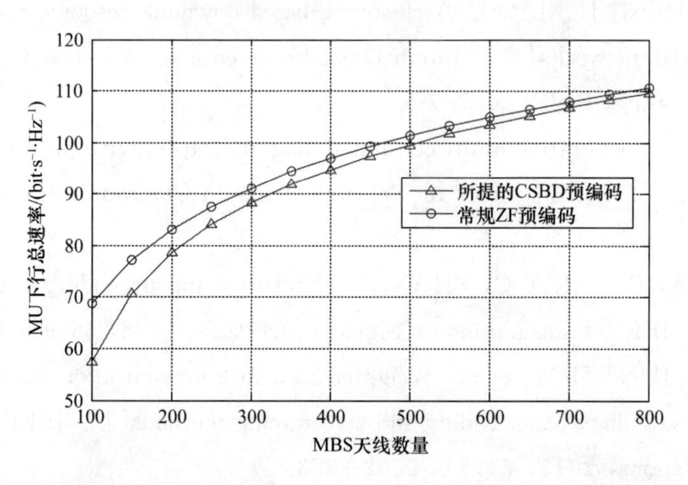


图 6.11 MU 下行总速率在不同 MBS 天线数量下的变化

# 本章小结

本章研究了 mMIMO-SC 两层异构网络中的 SC 分簇和预编码设计问题。首先,为了在属于相同簇的 SBS 之间进行协作传输,提出了基于干扰图的动态 SC 分簇方案,还为 MBS 设计了预编码方案,以消除层间和多 MU 干扰。然后,以分簇 SC 处的预编码设计为优化问题,在每个 SBS 功率约束下最大化 SU 的下行链路总速率,提出了一种基于非合作博弈的分布式算法,并获得次优解。

# 本章参考文献


[1] ZHOU L, HU X, NGAI C H, et al. A dynamic graph-based scheduling and interference coordination approach in heterogeneous cellular networks[J]. IEEE Transactions on Vehicular Technology, 2016, 65(5): 3735-3748.

[2] SENO R, OHTSUKI T, JIANG W, et al. Complexity reduction of pico cell clustering for interference alignment in heterogeneous networks[C]//2015 21st Asia-Pacific Conference on Communications (APCC), IEEE,2016: 267-271.

[3] HONG M, SUN R, BALIGH H, et al. Joint base station clustering and beamformer design for partial coordinated transmission in heterogenous networks[J]. IEEE Journal on Selected Areas in Communications, 2013, 31(2): 226-240.

[4] PAPADOGIANNIS A, GESBERT D, HARDOUIN E. A dynamic clustering approach in wireless networks with multi-cell cooperative processing[C]//2008 IEEE International Conference on Communications, IEEE, 2008: 4033-4037.

[5] FAN S, ZHENG J, XIAO J. A clustering-based downlink resource allocation algorithm for small cell networks[C]//International Conference on Wireless Communications & Signal Processing, IEEE, 2015: 1-5.

[6] ZHANG R. Cooperative multi-cell block diagonalization with per-base-station power constraints[J]. IEEE Journal on Selected Areas in Communications, 2010, 28(9): 1435-1445.

[7] WIESEL A, ELDAR Y C, SHANAI S. Zero-forcing precoding and generalized inverses[J]. IEEE Transactions on Signal Processing, 2008, 56(9): 4409-4418.

[8] TRAN L, JUNTTI M, et al. Weighted sum rate maximization for MIMO broadcast channels using dirty paper coding and zero-forcing methods[J]. IEEE Transactions on Communications, 2013, 61(6): 2362-2373.

[9] NIU Q, ZENG Z, ZHANG T, et al. Joint interference alignment and power allocation in

heterogeneous networks[C]//IEEE PIMRC，2014：733-737.

[10] BETHANABHOTLA D，BURSALIOGLU O Y，PAPADOPOULOS H C，et al. Optimal user-cell association for massive MIMO wireless networks[J]. IEEE Transactions on Wireless Communications，2016，15(3)：1835-1850.

[11] YE Q，BURSALIOGLU O Y，PAPADOPOULOS H C，et al. User association in massive MIMO HetNets[J]. IEEE Transactions on Communications，2016，64(5)：2049-2065.

[12] SARAYDAR C U，MANDAYAM N B，GOODMAN D J. Efficient power control via pricing in wireless data networks[J]. IEEE Trans Commun，2002，50(2)：291-303.

[13] BOYD S，VANDENBERGHE L. Convex Optimization[M]. 北京：世界图书出版公司，2013.

[14] LÖFBERG J. YALMIP：a toolbox for modeling and optimization in MATLAB[J]. Skeletal Radiology，2011，41(3)：287-92.

[15] FORD W. The algebraic eigenvalue problem[J]. Numerical linear algebra with applications，2015，15(4)：379-438.

[16] YATES R D. A framework for uplink power control in cellular radio systems[J]. IEEE Journal on Selected Areas in Communications，2002，13(7)：1341-1347.

# 第 7 章　SC 型毫米波大规模 MIMO 异构云无线接入网络资源优化

## 7.1 引　　言

随着智能终端和移动互联网的快速发展，移动数据流量在当前的蜂窝网络中呈指数增长。通过超密集异构网络（UD-HetNet）中大量无线接入点（RRH）的部署，可以预期流量的增长需求[1,2]。密集低功耗的 RRH 对热点处（如车站、超市、办公室）来自宏小区（MC）的流量进行分流，但不可避免地会增加网络成本和干扰[3]。在此基础上，本章提出一种异构云无线接入网络（H-CRAN）来消除干扰并减少资本和运营支出[4]。

在 H-CRAN 中，RRH 作为软中继，可提供从云端基带处理单元（BBU）到 RRH 用户（RU）的高速数据传输。同样，宏基站（MBS）保证了与传统蜂窝网络的向后兼容性，并提供了无缝覆盖[5]。BBU 由基带信号处理和资源分配优化（如功率控制、用户调度、干扰管理算法）的高性能处理器组成，从而提高了系统频谱效率（SE）和能源效率（EE）。但是，系统的干扰管理、资源优化分配难度较大[6]。例如，通过多点协作传输（CoMP）技术可大大减轻 RRH 之间的干扰[7]。但是，H-CRAN 中的协作传输需要处理非常大的 CSI，从而导致较高的计算复杂度。因此，基于 RRHC 的 CoMP 是一种有效的技术方案，可以有效降低协作的维度和计算复杂度[8]。

另外，在常规的 H-CRAN 中，BBU 通过通用公共无线电接口（CPRI）与 RRH 通信。为了传输 CPRI 信号，BBU 和 RRH 之间需要一个具有高速率、低延迟的传输网络[9]。光接入技术由于其高容量和低延迟的特点[10]，已被考虑用于前向链路传输。然而，当存在大量 RRH 时，通过专用光纤直接连接 BBU 和每个 RRH（即点对点结构）需要较高成本。因此，点对多点的无源光网络（PON）可作为有效技术用于前向链路以降低部署成本。

本章主要研究 SC 型的毫米波大规模 MIMO 异构云无线接入网络（H-CRAN）资源优化问题。考虑多个无线接入点（RRH）形成多个簇（RRHC），在每个 RRHC 中应用 CoMP 技术以消除簇内干扰。为避免层间干扰，宏基站（MBS）和每个 RRHC 分别采用不同频率。在此基础上，设计了带宽和功率分配优化问题，在每个 RRHC 功率和前向链路容量约束下，最大化系统下行链路加权总速率，由于所形成的优化问题为非凸的，很难进行直接求解。

接下来，首先固定带宽分配，将原始问题分为两个独立的优化问题，即宏用户(MU)和RRH用户(RU)的加权总速率最大化问题。前者可以使用凸优化技术来解决，对于后者，提出一种双循环迭代算法来处理。

# 7.2　系统模型和毫米波信道模型

## 7.2.1　系统模型

毫米波mMIMO H-CRAN系统的一般架构如图7.1所示，它由4个主要部分组成：BBU池、PON(即有线前向链路)、RRH接入单元、大规模天线MBS。具体来说，BBU池充当虚拟BS，负责基带信号处理和网络资源优化。PON由3部分组成：多个RRH的光线路终端(OLT)，通过光纤向RRH供电；耦合或分离信号的无源光纤分离器(POS)；过滤有用信号的光网络单元(ONU)[10]。在所建立的系统中，OLT、POS和ONU分别位于BBU池侧、RRHC侧和RRH侧。另外，RRH和MBS通过毫米波无线链路与其关联的用户(即RU和MU)进行通信。

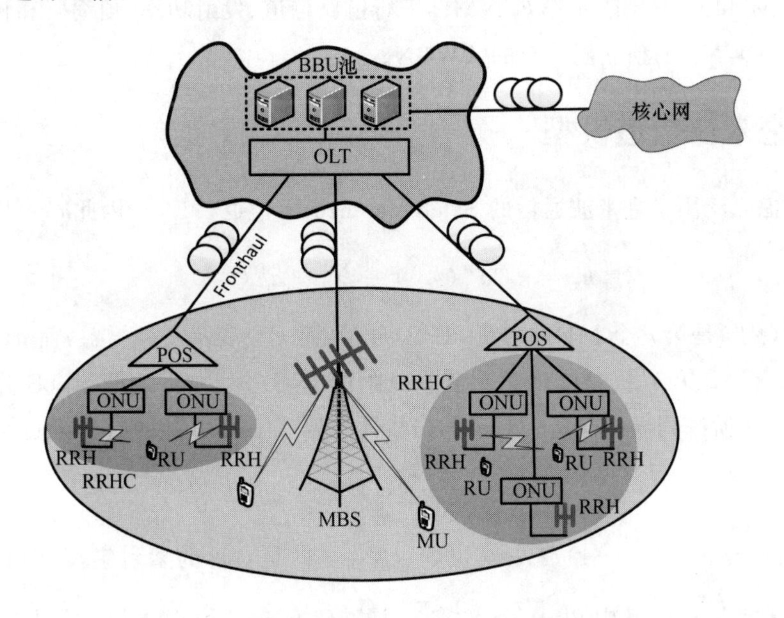


图7.1　毫米波mMIMO H-CRAN系统模型

假设RRH被分为多个RRHC，即距离相近的RRH可以组成一个RRHC，可以在文献[11-13]中找到一些现有的RRH簇方案，每个RRHC采用CoMP技术联合服务属于本簇的RU。假设系统由一个MBS和$L$个RRHC组成，在第$l$个RRHC中有$M_l$个RRH和$K_l$个单天线RU，其中每个RRH都配备$N$根天线。MBS配备$N_{\mathrm{TX}}$根天线和$N_{\mathrm{RF}}$个射频(RF)链($N_{\mathrm{RF}}\leqslant N_{\mathrm{TX}}$)以降低硬件成本和能耗[14]，MBS同时提供$K_{\mathrm{M}}$个单天线MU。所有接入链路使用具有$W$(Hz)带宽的毫米波频率。为了避免层间干扰，假设 MBS 使用$\eta W$(Hz)带宽，而所有 RRH 使用剩余的$(1-\eta)W$(Hz)带宽，其中$\eta\in[0,1]$表示带宽分配系数。假设系统可以获得理想的 CSI[15-17]。对于下行链路传输，OLT 将从 BBU 池接收的数据广播到每个 RRHC 中的所有 RRH 或 MBS。因此，RRH 将接收到一些不适用于这些 RRH 的"不必要的数据"，这些数据可以由 ONU 过滤[18]。

在第$i$个 RRHC 中的第$k$个 RU 处接收到的信号可以写为

$$y_{lk}=\underbrace{\boldsymbol{h}_{llk}\sqrt{P_{lk}}\boldsymbol{v}_{lk}x_{lk}}_{\text{期望的信号}}+\underbrace{\sum_{i\neq k}^{K_l}\boldsymbol{h}_{llk}\sqrt{P_{li}}\boldsymbol{v}_{li}x_{li}}_{\text{簇内干扰}}+\underbrace{\sum_{j\neq l}^{L}\sum_{i=1}^{K_j}\boldsymbol{h}_{jlk}\sqrt{P_{ji}}\boldsymbol{v}_{ji}x_{ji}}_{\text{簇间干扰}}+\underbrace{n_{lk}}_{\text{噪声}} \tag{7.1}$$

其中，$\boldsymbol{h}_{jlk}\in\mathbb{C}^{1\times NM_j}$表示从第$j$个 RRHC 中所有 RRH 到第$l$个 RRHC 中第$k$个 RU 的下行链路信道。$P_{lk}$、$x_{lk}$和$\boldsymbol{v}_{lk}\in\mathbb{C}^{NM_l\times 1}$分别表示第$l$个 RRHC 中第$k$个 RU 的发射功率、传输信号和预编码。$n_{lk}$是服从于$\mathcal{CN}(0,N_0)$的独立同分布的 AWGN。

第$k$个 MU 接收的信号可以表示为

$$y_k=\underbrace{\boldsymbol{h}_k\sqrt{P_k}\boldsymbol{v}_kx_k}_{\text{期望的信号}}+\underbrace{\sum_{i\neq k}^{K_M}\boldsymbol{h}_k\sqrt{P_i}\boldsymbol{v}_ix_i}_{\text{多MU干扰}}+\underbrace{n_k}_{\text{噪声}} \tag{7.2}$$

其中，$\boldsymbol{h}_k$、$P_k$、$\boldsymbol{v}_k$和$x_k$分别表示第$k$个 MU 下行链路信道、发射功率、预编码和传输信号，而$n_k$是服从$\mathcal{CN}(0,N_0)$的独立同分布的 AWGN。

### 7.2.2 毫米波信道模型

本章考虑广泛用于毫米波通信的 Saleh-Valenzuela 信道[16,17,19]，因此$\boldsymbol{h}_k$可以表示为

$$\boldsymbol{h}_k=\pi_k^{(0)}\boldsymbol{a}^{\mathrm{H}}(\phi_k^{(0)})+\sum_{i=1}^{I}\pi_k^{(i)}\boldsymbol{a}^{\mathrm{H}}(\phi_k^{(i)}) \tag{7.3}$$

其中，$\pi_k^{(0)}\boldsymbol{a}^{\mathrm{H}}(\phi_k^{(0)})$是第$k$个 MU 的视距(LoS)分量，而$\pi_k^{(0)}$表示复数增益，而$\boldsymbol{a}(\phi_k^{(0)})$是空间方向。$\pi_k^{(i)}\boldsymbol{a}(\phi_k^{(i)})$是第$k$个 MU 中第$i$个非视距(NLoS)分量，而$I$是 NLoS 分量的总数。$\boldsymbol{a}(\phi)$是$N_{\mathrm{TX}}\times 1$阶阵列导向向量。对于均匀线性阵列(ULA)，可以将$\boldsymbol{a}(\phi)$表示为

$$\boldsymbol{a}(\phi)=\frac{1}{\sqrt{N_{\mathrm{TX}}}}[\mathrm{e}^{-\mathrm{j}2\pi\phi m}]_{m\in Q(N_{\mathrm{TX}})} \tag{7.4}$$

其中：$Q(N_{\mathrm{TX}})=\{i-(N_{\mathrm{TX}}-1)/2,i=0,1,\cdots,N_{\mathrm{TX}}-1\}$是对称的索引集，其中心为零；空间方向定义为$\phi=\frac{d}{\lambda}\sin\theta$，其中$\theta\left(-\frac{\pi}{2}\leqslant\theta\leqslant\frac{\pi}{2}\right)$是物理方向；$\lambda$和$d$分别是信号波长和天线间隔。由于 RU 与 MU 具有相同的信道模型，故在此将其省略。

## 7.3 加权总速率优化问题的形成

本节首先在 RRHC 和 MBS 上研究预编码设计方案。然后，根据每个 RRHC 功率和前

向链路容量约束，提出最大化下行链路加权总速率的优化问题。

## 7.3.1 预编码设计

在每个 RRHC 中，采用 CoMP 传输来消除簇内干扰，应用了经典的 ZF 预编码。首先将第 $i$ 个 RRHC 的下行链路信道定义为 $\boldsymbol{H}_l=(\boldsymbol{h}_{ll1}^{\mathrm{T}},\cdots,\boldsymbol{h}_{llK_l}^{\mathrm{T}})^{\mathrm{T}}$。之后，可以获得预编码矩阵 $\boldsymbol{V}_l=\boldsymbol{H}_l^{\mathrm{H}}(\boldsymbol{H}_l\boldsymbol{H}_l^{\mathrm{H}})^{-1}$，将第 $l$ 个 RRHC 中第 $k$ 个 RU 的预编码写为 $\boldsymbol{v}_{lk}=\boldsymbol{V}_l^k/\|\boldsymbol{V}_l^k\|$，其中 $\boldsymbol{V}_l^k$ 表示 $\boldsymbol{V}_l$ 的第 $k$ 列。因此，接收信号可以重写为

$$y_{lk}=\underbrace{\boldsymbol{h}_{llk}\sqrt{P_{lk}}\boldsymbol{v}_{lk}x_{lk}}_{\text{期望的信号}}+\underbrace{\sum_{j\neq l}^{L}\sum_{i=1}^{K_j}\boldsymbol{h}_{jlk}\sqrt{P_{ji}}\boldsymbol{v}_{ji}x_{ji}}_{\text{簇间干扰}}+\underbrace{n_{lk}}_{\text{噪声}} \tag{7.5}$$

传输速率可表示为

$$R_{lk}(\boldsymbol{P})=(1-\eta)W\log_2(1+\gamma_{lk}) \tag{7.6}$$

其中，$\gamma_{lk}=\dfrac{\|\boldsymbol{h}_{llk}\boldsymbol{v}_{lk}\|^2P_{lk}}{\sum\limits_{j\neq l}^{L}\sum\limits_{i=1}^{K_j}\|\boldsymbol{h}_{jlk}\boldsymbol{v}_{ji}\|^2P_{ji}+(1-\eta)WN_0}$，$\boldsymbol{P}=(P_{11},\cdots,P_{LK_L})$。与文献[20,21]相似，第 $l$ 个 RRHC 的前向链路消耗容量表示为它服务的 RU 累积数据速率，即 $\sum\limits_{k=1}^{K_l}R_{lk}(\boldsymbol{P})$。

如图 7.2 所示，MBS 采用棱镜天线阵列结构以减少毫米波 mMIMO 系统中所需的 RF 链数[15,16]，而且可以将空间域的信道式(7.3)转换为波束空间信道[14]。具体来说，棱镜天线阵列的作用是利用 $N_{\mathrm{TX}}\times N_{\mathrm{TX}}$ 阶的变换矩阵 $\boldsymbol{U}$ 实现空间离散傅里叶变换[14]，其中包含覆盖整个空间的 $N_{\mathrm{TX}}$ 个方向的阵列导向向量，即

$$\boldsymbol{U}=(\boldsymbol{a}(\tilde{\phi}_1),\boldsymbol{a}(\tilde{\phi}_2),\cdots,\boldsymbol{a}(\tilde{\phi}_{N_{\mathrm{TX}}})) \tag{7.7}$$

其中，对于 $n=1,2,\cdots,N_{\mathrm{TX}}$，有 $\tilde{\phi}_n=\dfrac{1}{N_{\mathrm{TX}}}\left(n-\dfrac{N_{\mathrm{TX}}+1}{2}\right)$。$\tilde{\phi}_n$ 是预定义的空间方向。为此，第 $k$ 个 MU 的波束空间信道矢量可以表示为

$$\bar{\boldsymbol{h}}_k=\boldsymbol{h}_k\boldsymbol{U} \tag{7.8}$$

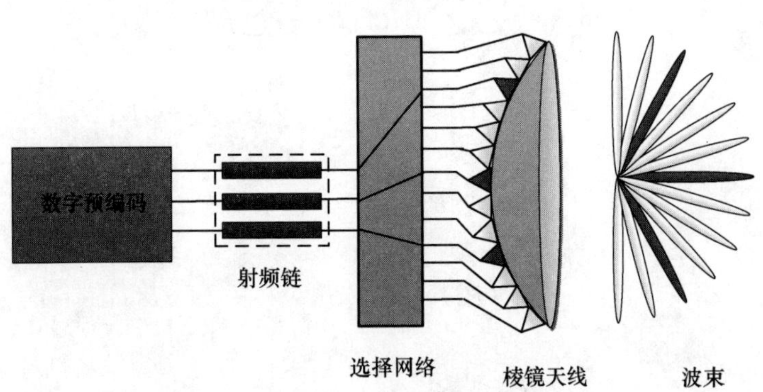


图 7.2　MBS 处的棱镜天线阵列

这是空间信道向量$\boldsymbol{h}_k$的傅里叶变换，定义下行链路波束空间信道矩阵$\overline{\boldsymbol{H}}=(\overline{\boldsymbol{h}}_1^{\mathrm{T}},\cdots,\overline{\boldsymbol{h}}_{K_M}^{\mathrm{T}})^{\mathrm{T}}$。由于毫米波通信中散射分量非常有限，NLoS分量$L$的数量远小于正交波束$N_{\mathrm{TX}}$[15]，这意味着每个波束空间信道向量$\overline{\boldsymbol{h}}_k$散射分量数目远小于$N_{\mathrm{TX}}$，因此波束空间信道矩阵$\overline{\boldsymbol{H}}$具有稀疏性[14]。因此，可以通过利用这种稀疏结构来设计尺寸变小的波束空间，即从$\hat{\boldsymbol{H}}$中选择$N_{\mathrm{RF}}$个最大波束，即$\hat{\boldsymbol{H}}=\hat{\boldsymbol{H}}(:,i)_{i\in\boldsymbol{\Gamma}}$[15]，其中$\hat{\boldsymbol{H}}\in K\times|\boldsymbol{\Gamma}|$。$\boldsymbol{\Gamma}$是选定波束的索引集。

然后，第$k$个MU接收信号可以重写为

$$\hat{y}_k=\underbrace{\hat{\boldsymbol{h}}_k\sqrt{P_k}\boldsymbol{v}_k x_k}_{\text{期望的信号}}+\underbrace{\sum_{j\neq k}^{K_M}\hat{\boldsymbol{h}}_k\sqrt{P_i}\boldsymbol{v}_i x_i}_{\text{多MU干扰}}+\underbrace{n_k}_{\text{噪声}} \tag{7.9}$$

其中，$\hat{\boldsymbol{h}}_k$是$\hat{\boldsymbol{H}}$的第$k$行，为消除多MU干扰，应用ZF预编码，则$\boldsymbol{V}=\hat{\boldsymbol{H}}^{\mathrm{H}}(\hat{\boldsymbol{H}}\hat{\boldsymbol{H}}^{\mathrm{H}})^{-1}$。因此，第$k$个MU的预编码可以表示为$\boldsymbol{v}_k=\boldsymbol{V}^k/\|\boldsymbol{V}^k\|$，其中$\boldsymbol{V}^k$为$\boldsymbol{V}$的第$k$列，其获得的速率可以写为

$$R_k(P_k)=\eta W\log_2\left(1+\frac{\|\hat{\boldsymbol{h}}_k\boldsymbol{v}_k\|^2 P_k}{\eta W N_0}\right) \tag{7.10}$$

与RRHC类似，MBS处的前向链路消耗容量表示为其服务的MU累积数据速率，即$\sum_{k=1}^{K_M}R_k(P_k)$。

## 7.3.2 加权总速率优化问题

尽管在RRH和MBS之间使用了不同频率来消除层间干扰，但仍需要考虑带宽分配。此外，需要在RRH处进行功率控制以协调簇间干扰，因此构建带宽和功率分配联合优化问题以最大化下行链路加权总速率，如下所示：

$$\max_{\{\boldsymbol{P},\{P_k\},\eta\}}\sum_{l=1}^{L}\sum_{k=1}^{K_l}\alpha_{lk}R_{lk}(\boldsymbol{P})+\sum_{k=1}^{K_M}\beta_k R_k(P_k) \tag{7.11a}$$

$$\text{s.t.}\quad\sum_{k=1}^{K_l}R_{lk}(\boldsymbol{P})\leqslant R_{\max,l},\quad l\in\{1,\cdots,L\} \tag{7.11b}$$

$$\sum_{k=1}^{K_l}P_{lk}\leqslant P_{\max,l},\quad l\in\{1,\cdots,L\} \tag{7.11c}$$

$$\sum_{k=1}^{K_M}R_k(P_k)\leqslant R_{\max} \tag{7.11d}$$

$$\sum_{k=1}^{K_M}P_k\leqslant R_{\max} \tag{7.11e}$$

其中，权重$\alpha_{lk}$和$\beta_k$分别代表系统中RU和MU的优先级。式(7.11b)和式(7.11c)分别表

示每个 RRHC 前向链路容量和总功率约束。同样,式(7.11d)和式(7.11e)分别是 MBS 的前向链路容量和功率限制。

本章考虑了每个 RRHC 的总功率约束。尽管每个 RRH 功率约束将使得功率分配更加精确,考虑到每个 RRHC 总功率约束下的问题公式的简单性、较低的计算复杂度和预编码设计,本章的目标是在每个 RRHC 功率和前向链路容量联合约束条件下最大化系统的加权总速率。较低的计算复杂度是因为仅需要在每个 RRHC 总功率约束下使用次梯度方法更新 $L$ 个对偶变量,而当考虑到每个 RRHC 功率约束时,需要同时更新 $\sum_{l=1}^{L} M_l$ 个对偶变量。另外,可以在每个 RRHC 功率约束下直接应用经典的 ZF 预编码,而在每个 RRH 功率约束下需要更复杂的预编码[22]。因此,为了降低计算复杂度并简化预编码设计,本章应用了每个 RRHC 总功率约束。

优化问题(7.11)需要联合优化带宽和功率分配,很难直接解决。因此,本章提出了一种方案,可以根据式(7.11)的结构独立地优化带宽和功率分配。具体而言,基于$\eta \in [0,1]$的事实,可以使用一维搜索来找到最优 $\eta$。对于每个固定的 $\eta$,则只需要优化功率分配使系统的加权总速率最大即可。最后,可以获得最优 $\eta$ 和相应的功率分配。

# 7.4 加权总速率最大化问题的求解

本章节首先固定带宽分配,然后将原始问题分为两个独立的优化问题,分别是 MU 和 RU 的加权总速率最大化问题。对于前者,可以采用标准凸优化技术来求解。对于后者,则提出一种双循环迭代算法来获得功率分配。

## 7.4.1 MU 加权总速率最大化问题的求解

首先固定带宽分配 $\eta$,原始问题(7.11)可以分为以下两个独立问题:

$$\text{P1}: \max_{\{P_k\}} \sum_{k=1}^{K_{\text{M}}} \beta_k R_k(P_k) \tag{7.12a}$$

$$\text{s.t. 式(7.11d),式(7.11e)} \tag{7.12b}$$

和

$$\text{P2}: \max_{\{P\}} \sum_{k=1}^{K_{\text{M}}} \alpha_{lk} R_{lk}(\text{P}) \tag{7.13a}$$

$$\text{s.t. 式(7.11b),式(7.11c)} \tag{7.13b}$$

其中,P1 和 P2 分别表示 MU 和 RU 的加权总速率最大化问题。

显然,由于凸目标函数和凸约束,P1 是一个凸优化问题。因此,可以使用标准凸优化技术(如内点法[23])求解 P1。接下来,本节主要解决 P2。

### 7.4.2 RU加权总速率最大化问题的求解

由于非凸目标函数(7.13a)和非凸前向链路容量约束(7.11b),P2是一个非凸优化问题。在此基础上,提出一种基于价格的补偿法来处理前向链路约束,其公式为

$$\text{P2-A:}\ \max_{\{\boldsymbol{P},q_l\}} \sum_{l=1}^{L}\sum_{k=1}^{K_l}\alpha_{lk}R_{lk}(\boldsymbol{P})-\sum_{l=1}^{L}q_l\sum_{k=1}^{K_l}P_{lk} \tag{7.14a}$$

$$\text{s.t.}\quad \sum_{k=1}^{K_l}P_{lk}\leqslant P_{\max,l},l\in\{1,\cdots,L\} \tag{7.14b}$$

原始问题P2的目标函数减去按参数 $q_l$ 缩放的每个RRHC的发射功率 $\sum_{k=1}^{K_l}P_{lk}$ 得到P2-A,同时移除每个RRHC前向链路容量约束。在这里,$q_l$ 表示第 $l$ 个RRHC的补偿价格。因此,可以调整补偿价格以满足每个RRHC前向链路约束。

令 $\boldsymbol{q}=(q_1,q_2,\cdots,q_L)$ 表示RRHC的补偿价格向量,然后通过求解P2-A定义每个RRHC的下行链路总速率为

$$C_l(\boldsymbol{q})=\sum_{k=1}^{K_l}R_{lk}(\boldsymbol{P}),\quad l\in\{1,\cdots,L\} \tag{7.15}$$

然后,有以下命题。

**命题7.1** 对于所有RRHC $i\in\{1,\cdots,L\}/l$,$q_i$ 一定时,$C_l(\boldsymbol{q})$ 是 $q_l$ 的递减函数。详细证明如下所示。

**证明**:令 $\boldsymbol{q}'=(q_1',\cdots,q_l',\cdots,q_L')$ 是与 $\boldsymbol{q}''$ 不同的价格向量。对于 $i\in\{1,\cdots,L\}/l$,有 $q_l'\neq q_l''$ 和 $q_i'\neq q_i''$。假设 $\boldsymbol{P}'$ 和 $\boldsymbol{P}''$ 分别是问题P2-A关于 $\boldsymbol{q}'$ 和 $\boldsymbol{q}''$ 的解。在此基础上有

$$\sum_{l=1}^{L}\sum_{k=1}^{K_l}\alpha_{lk}R_{lk}(\boldsymbol{P}'')-\sum_{l=1}^{L}q_l'\sum_{k=1}^{K_l}P_{lk}''\leqslant\sum_{l=1}^{L}\sum_{k=1}^{K_l}\alpha_{lk}R_{lk}(\boldsymbol{P}')-\sum_{l=1}^{L}q_l'\sum_{k=1}^{K_l}P_{lk}' \tag{7.16}$$

和

$$\sum_{l=1}^{L}\sum_{k=1}^{K_l}\alpha_{lk}R_{lk}(\boldsymbol{P}')-\sum_{l=1}^{L}q_l''\sum_{k=1}^{K_l}P_{lk}'\leqslant\sum_{l=1}^{L}\sum_{k=1}^{K_l}\alpha_{lk}R_{lk}(\boldsymbol{P}'')-\sum_{l=1}^{L}q_l''\sum_{k=1}^{K_l}P_{lk}'' \tag{7.17}$$

将以上两个不等式的两边加起来并简化,可得

$$(q_l'-q_l'')\sum_{k=1}^{K_l}P_{lk}''\geqslant(q_l'-q_l'')\sum_{k=1}^{K_l}P_{lk}' \tag{7.18}$$

式(7.18)表示当 $q_l'\geqslant q_l''$ 时,有 $\sum_{k=1}^{K_l}P_{lk}''\leqslant\sum_{k=1}^{K_l}P_{lk}'$,即RRHC $l$ 的总发射功率随 $q_l$ 减小而增加。因此,对于给定的总功率 $\sum_{k=1}^{K_l}P_{lk}'$ 和 $\sum_{k=1}^{K_l}P_{lk}''$,最大总速率可以分别表示为 $C_l(\boldsymbol{q}'')$ 和 $C_l(\boldsymbol{q}')$。因此,当 $q''_l\geqslant q_l'$ 时,由于 $\sum_{k=1}^{K_l}P_{lk}''\leqslant\sum_{k=1}^{K_l}P_{lk}'$,最大总速率 $C_l(\boldsymbol{q}'')\leqslant C_l(\boldsymbol{q}')$。

证毕。

接下来分析 P2-A 和 P2 的关系。P2-A 与价格 $\boldsymbol{q}$ 相关,因此对于不同的 $\boldsymbol{q}$ 可获得不同的 P2-A 的解。因此,对于任何 $\boldsymbol{q}$,P2-A 的解可能都不等价于 P2 的解,即 P2-A 可能不等价于 P2。在这种情况下,问题被公式化为如果存在一个唯一的 $\boldsymbol{q}$,则 P2-A 的解等于 P2 的解(即 P2-A 等价于 P2)。因此,有以下定理。

**定理 7.1**　存在一个唯一的 $\boldsymbol{q}$,使 P2-A 等于 P2。详细证明如下所示。

**证明:** 假设 P2 的解为 $\boldsymbol{P}$,因此应满足前向链路容量约束(即 $\sum_{k=1}^{K_l} R_{lk}(\boldsymbol{P}) \leqslant R_{\max,l}, l \in \{1,\cdots,L\}$)。然后,当 $\boldsymbol{q}=0$ 时求解 P2-A,并将得到的解表示为 $\hat{\boldsymbol{P}}$。在这种情况下,P2-A 和 P2 之间的唯一区别是 P2-A 没有前向链路容量约束。因此,如果获得的解 $\hat{\boldsymbol{P}}$ 满足所有前向链路容量约束(即 $\sum_{k=1}^{K_l} R_{lk}(\boldsymbol{P}) \leqslant R_{\max,l},\ l \in \{1,\cdots,L\}$),P2-A 和 P2 的解相同,即 $\hat{\boldsymbol{P}}=\boldsymbol{P}$。否则,根据命题 7.1,如果 $\sum_{k=1}^{K_l} R_{lk}(\hat{\boldsymbol{P}}) > R_{\max,l}$,增加 $q_l$ 直到所有的前向链路约束对于所有 $l \in \{1,\cdots,L\}$ 满足 $\sum_{k=1}^{K_l} R_{lk}(\hat{\boldsymbol{P}}) > R_{\max,l}$。之后,很明显,在上述条件下获得的 P2-A 的解与 P2 的解相同。因为对于所有 RRHC $i \in \{1,\cdots,L\}/l$,固定 $q_i$,每个 RRHC $C_l(\boldsymbol{q})$的下行链路总容量是 $\boldsymbol{q}$ 的递减函数,所以存在唯一的 $\boldsymbol{q}$ 使得 P2-A 等于 P2。

证毕。

结合命题 7.1 和定理 7.1,设计出一种用于调整价格的二等分搜索算法,该算法在算法 7.1 中进行了总结。

---

**算法 7.1:**P2-A 的基于二等分的价格调整算法

---

1　初始化$\boldsymbol{q}_{\min}=(q_{\min,1},\cdots,q_{\min,L})=\boldsymbol{0}$ 和足够大的$\boldsymbol{q}_{\max}=(q_{\max,1},\cdots,q_{\max,L})$

2　求解$\boldsymbol{q}_{\min}=\boldsymbol{0}$ 时的 P2-A

3　如果对于任意的 $l$,有 $\sum_{k=1}^{K_l} R_{lk} \leqslant R_{\max,l}$,则

4　　　中断,得到功率分配

5　否则

6　　　循环

7　　　　　求解 P2-A,$\boldsymbol{q}_{\min}=(\boldsymbol{q}_{\min}+\boldsymbol{q}_{\max})/2$

8　　　当 $l=1:L$ 时

9 如果 $\sum_{k=1}^{K_l} R_{lk}(\boldsymbol{P}) \leqslant R_{\max,l}$，则

10 $q_{\max,l} = q_{\mathrm{mid},l}$

11 否则

12 $q_{\min,l} = q_{\mathrm{mid},l}$

13 结束

14 结束循环

15 结束如果

接下来，对于给定的 $\boldsymbol{q}$ 需要求解 P2-A。尽管移除了非凸约束式(7.11b)，但是由于目标函数是非凸的，P2-A 仍然是非凸优化问题。在此基础上，我们通过利用接收速率与最优接收端的 MSE 之间的关系，将其进一步重构为易于处理的形式。如果使用 MMSE 方案从式(7.5)中的 $y_{lk}$ 检测 $x_{lk}$，可以形成以下检测问题：

$$\mu_{lk}^{\mathrm{opt}} = \arg\min_{\{\mu_{lk}\}} e_{lk}, \quad \forall l,k \tag{7.19}$$

其中，$\mu_{lk}$ 表示第 $l$ 个 RRHC 中第 $k$ 个用户的接收端滤波器，MSE $e_{lk} = E\{|x_{lk} - \mu_{lk} y_{lk}|^2\}$。将式(7.5)带入 $e_{lk}$，我们可以得到

$$e_{lk} = 1 + |\mu_{lk}|^2 \Xi_{lk} - 2\mathrm{Re}(\mu_{lk}\sqrt{P_{lk}}\boldsymbol{h}_{llk}\boldsymbol{v}_{llk}) \tag{7.20}$$

其中，$\Xi_{lk} = P_{lk} \| \boldsymbol{h}_{llk} \boldsymbol{v}_{llk} \|^2 + \sum_{j \neq l}^{L} \sum_{i=1}^{K_j} P_{ji} \| \boldsymbol{h}_{jlk} \boldsymbol{v}_{ji} \|^2 + (1-\eta) W N_0$。因此，最优接收端滤波器 $\mu_{lk}^{\mathrm{opt}}$ 可以通过求解式(7.19)得到，即

$$\mu_{lk}^{\mathrm{opt}} = (\sqrt{P_{lk}}\boldsymbol{h}_{llk}\boldsymbol{v}_{llk})^* \Xi_{lk}^{-1}, \quad \forall l,k \tag{7.21}$$

将式(7.21)代入式(7.20)，得到 MMSE 如下：

$$e_{lk}^{\mathrm{opt}} = 1 - P_{lk} \| \boldsymbol{h}_{llk}\boldsymbol{v}_{llk} \|^2 \Xi_{lk}^{-1}, \quad \forall l,k \tag{7.22}$$

另外，根据式(7.5)可以得到以下等式：

$$\begin{aligned}(1+\gamma_{lk})^{-1} &= \Big(\sum_{j \neq l}^{L} \sum_{i=1}^{K_j} \| \boldsymbol{h}_{jlk} \boldsymbol{v}_{ji} \|^2 P_{ji} + (1-\eta) W N_0 \Big) \Xi_{lk}^{-1} \\ &= 1 - P_{lk} \| \boldsymbol{h}_{llk} \boldsymbol{v}_{llk} \|^2 \Xi_{lk}^{-1}\end{aligned} \tag{7.23}$$

显然 $(1+\gamma_{lk})^{-1}$ 与 $e_{lk}^{\mathrm{opt}}$ 具有相同的表达式，可得

$$(1+\gamma_{lk})^{-1} = \min_{\{\mu_{lk}\}} e_{lk}, \quad \forall l,k \tag{7.24}$$

因此，得到速率和 MMSE 之间的关系如下：

$$\begin{aligned}R_{lk} &= (1-\eta) W \log_2(1+\gamma_{lk}) \\ &= -(1-\eta) W \log_2 \min_{\{\mu_{lk}\}} e_{lk}\end{aligned}$$

$$=\max_{\{\mu_{lk}\}}(1-\eta)W(-\log_2(e_{lk})),\quad \forall l,k \tag{7.25}$$

与文献[16]和文献[24]相似，为移除式(7.25)中的 log 函数，引入以下命题。

**命题 7.2** 假设 $f(c)=-\frac{cb}{\ln 2}+\log_2 c+\frac{1}{\ln 2}$，$b$ 是一个正实数，有

$$\max_{c>0} f(c)=-\log_2 b \tag{7.26}$$

其中，相应的最优 $c^{\text{opt}}=\frac{1}{b}$。详细证明如下所示。

由于函数 $f(c)$是关于 $c$ 的凸函数，通过求解$\left.\frac{\partial f(c)}{\partial c}\right|_{c=c^*}=0$ 可获得 $f(c)$的最大值。很容易得到 $c^*=\frac{1}{b}$。然后，将 $c^*$ 代入 $f(c)$并获得最大值$-\log_2 b$。证毕。

结合式(7.25)和式(7.26)，速率 $R_{lk}$ 可重写为

$$R_{lk}=\max_{\{\mu_{lk}\}}\max_{\{c_{lk}\}}(1-\eta)W\left(-\frac{c_{lk}e_{lk}}{\ln 2}+\log_2 c_{lk}+\frac{1}{\ln 2}\right),\quad \forall l,k \tag{7.27}$$

因此，将 $R_{lk}$ 代入 P2-A，并重新制定以下优化问题：

$$\max_{\{P_{lk}\}}\sum_{l=1}^{L}\sum_{k=1}^{K_l}\max_{\{\mu_{lk}\}}\max_{\{c_{lk}\}}\alpha_{lk}(1-\eta)W\left(-\frac{c_{lk}e_{lk}}{\ln 2}+\log_2 c_{lk}+\frac{1}{\ln 2}\right)-\sum_{l=1}^{L}q_l\sum_{k=1}^{K_l}P_{lk} \tag{7.28a}$$

$$\text{s.t.}\quad \sum_{k=1}^{K_l}P_{lk}\leqslant P_{\max,l},\quad \forall l\in\{1,\cdots,L\} \tag{7.28b}$$

由于前面已经分析了 RU 速率与 MMSE 接收端滤波器检测之间的关系，因此提出一种迭代算法来解决上述问题。对于第 $t-1$ 次迭代中的最优功率分配$\{P_{lk}^{(t-1)}\}$，可根据式(7.21)在第 $t$ 次迭代中获得最优$\{\mu_{lk}^{(t)}\}$，即

$$\mu_{lk}^{(t)}=\left(\sqrt{P_{lk}^{(t-1)}}\boldsymbol{h}_{llk}\boldsymbol{v}_{llk}\right)^*\left(\Xi_{lk}^{(t-1)}\right)^{-1},\quad \forall l,k \tag{7.29}$$

其中，$\Xi_{lk}^{(t-1)}=P_{lk}^{(t-1)}\|\boldsymbol{h}_{llk}\boldsymbol{v}_{llk}\|^2+\sum_{j\neq l}^{L}\sum_{i=1}^{K_j}P_{ji}^{(t-1)}\|\boldsymbol{h}_{jlk}\boldsymbol{v}_{ji}\|^2+(1-\eta)WN_0$。同时，式(7.22)中的 MMSE 可表示为

$$e_{lk}^{\text{opt}(t)}=1-P_{lk}^{(t-1)}\|\boldsymbol{h}_{llk}\boldsymbol{v}_{llk}\|^2\left(\Xi_{lk}^{(t-1)}\right)^{-1},\quad \forall l,k \tag{7.30}$$

最后，第 $t$ 次迭代的最优$\{c_{lk}^{(t)}\}$可写为

$$c_{lk}^{(t)}=\frac{1}{e_{lk}^{\text{opt}(t)}} \tag{7.31}$$

基于获得的 $\mu_{lk}^{(t)}$ 和 $c_{lk}^{(t)}$，可以在第 $t$ 次迭代中将式(7.28)转换为以下功率优化问题：

$$\min_{\{P_{lk}^{(t)}\}}\sum_{l=1}^{L}\sum_{k=1}^{K_l}\frac{\alpha_{lk}(1-\eta)Wc_{lk}^{(t)}e_{lk}^{(t)}}{\ln 2}+\sum_{l=1}^{L}q_l\sum_{k=1}^{K_l}P_{lk}^{(t)} \tag{7.32a}$$

$$\text{s.t.}\quad \sum_{k=1}^{K_l}P_{lk}^{(t)}\leqslant P_{\max,l},\ l\in\{1,\cdots,L\} \tag{7.32b}$$

其中，$e_{lk}^{(t)}=1+|\mu_{lk}^{(t)}|^2\Xi_{lk}(t)-2\mathrm{Re}(\mu_{lk}^{(t)}\sqrt{P_{lk}}^{(t)}\boldsymbol{h}_{llk}\boldsymbol{v}_{llk})$。显然式(7.32)是凸优化问题，可以使用标准凸优化方法(如内点法[23]或CVX[25])解决。但是，本节的目的是找到一种封闭形式的解以进一步研究。接下来，应用拉格朗日对偶方法来解决。我们首先将拉格朗日函数定义为

$$\mathscr{L}(\boldsymbol{P}^{(t)},\boldsymbol{\lambda})=\sum_{l=1}^{L}\sum_{k=1}^{K_l}\frac{\alpha_{lk}(1-\eta)Wc_{lk}^{(t)}e_{lk}^{(t)}}{\ln 2}+\sum_{l=1}^{L}q_l\sum_{k=1}^{K_l}P_{lk}^{(t)}+\sum_{l=1}^{L}\lambda_l\Big(\sum_{k=1}^{K_l}P_{lk}^{(t)}-P_{\max,l}\Big)\tag{7.33}$$

其中，$\boldsymbol{P}^{(t)}=(P_{11}^{(t)},\cdots,P_{LK_l}^{(t)})$，$\boldsymbol{\lambda}=(\lambda_1,\cdots,\lambda_L)$是与每个RRHC功率约束相关的拉格朗日乘数矢量。因此，拉格朗日对偶函数可以表示为

$$g(\boldsymbol{\lambda})=\min_{\{\boldsymbol{P}^{(t)}\}}\mathscr{L}(\boldsymbol{P}^{(t)},\boldsymbol{\lambda})\tag{7.34}$$

基于式(7.32)和它的对偶问题[23]之间的零间隙这一事实，可以通过解决它的对偶问题来获得式(7.32)的解，可以将其表示为

$$\max_{\{\lambda\}}g(\boldsymbol{\lambda}),\boldsymbol{\lambda}\geqslant 0\tag{7.35}$$

次梯度法[23]可用于解决上述双重优化问题，并且在第$s$次迭代时更新的对偶变量可写为

$$\lambda_l(s+1)=\Big[\lambda_l(s)+\xi_l(s)\Big(\sum_{k=1}^{K_l}P_{lk}^{(t)}-P_{\max,l}\Big)\Big]^+\tag{7.36}$$

其中，$\xi_l(s)$是第$s$次迭代的正步长。基于递减步长规则选择对偶变量的步长以确保收敛[26]。对于固定的$\boldsymbol{\lambda}$，可以通过与$P_{lk}^{(t)}$有关的一阶最优条件$\mathscr{L}(\boldsymbol{P}^{(t)},\boldsymbol{\lambda})$得出最优功率分配，即

$$P_{lk}^{(t)}=\left(\frac{\alpha_{lk}(1-\eta)Wc_{lk}^{(t)}\mathrm{Re}(\mu_{lk}^{(t)}\boldsymbol{h}_{llk}\boldsymbol{v}_{lk})}{\Upsilon_{lk}+(q_l+\lambda_l)\ln 2}\right)^2\tag{7.37}$$

其中，$\Upsilon_{lk}=\alpha_{lk}(1-\eta)Wc_{lk}^{(t)}\mu_{lk}^{(t)}\Big(\|\boldsymbol{h}_{llk}\boldsymbol{v}_{lk}\|^2+\sum_{j\neq l}^{L}\sum_{i=1}^{K_j}\|\boldsymbol{h}_{llk}\boldsymbol{v}_{lk}\|^2\Big)$。

WMMSE迭代算法可以总结如下。首先，初始化可行功率$\{P_{lk}^{(t-1)}\}$。由于$f(c)$是凸函数，因此，可以分别根据式(7.29)和式(7.31)获得最优解$\{\mu_{lk}^{(t)}\}$和$\{c_{lk}^{(t)}\}$。之后，解决了问题(7.32)，并在第$t$次迭代中获得了最优$\{P_{lk}^{(t)}\}$。然后，根据得到的$\{P_{lk}^{(t)}\}$，在$t+1$次迭代中更新最优$\{\mu_{lk}^{(t+1)}\}$和$\{c_{lk}^{(t+1)}\}$。因此，迭代更新$\{\mu_{lk}\}$，$\{c_{lk}\}$和$\{P_{lk}\}$将增加或至少保持式(7.28)[24]中目标函数的值。由于每个RRHC和MBS的发射功率有限，式(7.28)中目标值的单调非递减序列有上界。为此，所提出的算法将收敛到平稳解。我们在算法7.2中总结了上述迭代方法，其中$\varphi$表示最大迭代次数。

**算法 7.2**:基于 WMMSE 的迭代功率分配算法

1　初始化可行$\boldsymbol{P}^{(t-1)}=(P_{l1}^{(t-1)},\cdots,P_{LK_L}^{(t-1)})$,$t=1$,最大迭代次数 $\varphi$
2　循环
3　　根据式(7.29)计算$\{\mu_{lk}^{(t)}\}$
4　　根据式(7.31)计算$\{c_{lk}^{(t)}\}$
5　　初始化 $\boldsymbol{\lambda}$
6　　循环
7　　　根据式(7.37)得到$\{P_{lk}^{(t)}\}$
8　　　根据式(7.36)更新 $\boldsymbol{\lambda}$
9　　直到 $\boldsymbol{\lambda}$ 收敛
10　　更新 $t\leftarrow t+1$
11　直到 $\boldsymbol{P}$ 收敛或 $t=\varphi$

接下来,本节总结解决原始问题(7.11)的算法,并讨论解决方案的最优性。首先,选择带宽分配系数 $\eta$ 并将式(7.11)转换为 P1 和 P2。通过标准凸优化技术获得了 P1 的最优解。对于 P2,引入价格参数 $\boldsymbol{q}$ 将其等效地转换为 P2-A。可以根据提出的算法 7.1 找到唯一的最优 $\boldsymbol{q}$。接下来,由于 P2-A 是一个非凸优化问题,将其等效地转化为一个优化问题(即式(7.28))。此后,可以通过算法 7.2 获得式(7.28)的解。最后,采用一维搜索来找到最优 $\eta$。应该注意的是,由于算法 7.2 在每次迭代中都解决了凸优化问题,所以 P2-A 的解至少是局部最优的。因此,通过该算法得到的原始问题(7.11)的解至少是局部最优的。

### 7.4.3　算法复杂度分析

首先分析算法 7.2 的复杂度。通过使用复杂度为 $\mathcal{O}(L^2)$的次梯度更新法获得式(7.36)中的 $\boldsymbol{\lambda}$。同时,更新$\{\mu_{lk}\}$和$\{c_{lk}\}$的复杂度与 RU 的数量呈线性关系,即 $\mathcal{O}\left(\sum_{l=1}^{L}K_l\right)$。因此,算法7.2的复杂度为$\mathcal{O}\left(\varphi L^2\sum_{l=1}^{L}K_l\right)$,其中 $\varphi$ 是最大迭代次数。用对半检索法,算法 7.1 的复杂度为 $\mathcal{O}(L\log\varepsilon^{-1})$,其中 $\varepsilon$ 是要求精度。为了解决问题(7.12),内点法的复杂度为 $\mathcal{O}(\log((2+K_{\mathrm{M}})/\omega^0\zeta)/\log\kappa)$,$\omega^0$ 是内点法精度逼近的初始点,$\zeta(\zeta\in(0,1])$是内点法的停止标准,$\kappa$ 用于更新内点法的准确性[25],因此,提出的带宽和功率分配联合方法的复杂度可以表示为 $\mathcal{O}(\tau^{-1}\left(\varphi L^2\sum_{l=1}^{L}K_l+\log((2+K_{\mathrm{M}})/\omega^0\zeta)/\log\kappa\right)$,其中 $\tau$ 是一维搜索的步长。

# 7.5 仿真结果与讨论

本节提供了仿真结果以评估所提出算法的性能。考虑一个半径为 500 m 的 MC 和两个半径为 150 m 的 RRHC,其中每个 RRHC 中随机分布 5 个 RRH。MBS 配备天线$N_{TX}=256$ 和 $N_{RF}=20$ 的 ULA。除了 RRHC 的覆盖区域外,MU 随机分布在 MC 中,并且 MU 的数量假定为 10。毫米波信道的中心为 73 GHz,其带宽为 1 GHz,路径损耗为 $[69.7+24\log_{10}(d)]$dB,其中 $d$ 表示距离(m)[27]。我们假设所有用户信道中有一个 LoS 和两个 NLoS 分量[15]。同时,除了路径损耗外,对于 $i=\{1,2\}$,用户信道服从 $\pi_k^{(0)}\sim\mathcal{CN}(0,1)$,$\pi_k^{(i)}\sim\mathcal{CN}(0,10^{-1})$。$\phi_k^{(0)}$ 和 $\phi_k^{(i)}$ 服从$\left[-\frac{1}{2},\frac{1}{2}\right]$范围内的均匀分布[15],噪声功率谱密度为$-174$ dBm/Hz。将所有用户的加权因子设置为 1。其他相关参数将在讨论中加以说明。

图 7.3 展示了算法 7.2 在不同初始功率下的收敛性,每个 RRHC 设置 $\eta=0.5$,$K_l=4$,$N=2$,$\boldsymbol{q}=0$ 和 $P_{\max,l}=30$ dBm。可以证明,尽管不同的初始点可能会影响收敛速度,但是算法 7.2 始终会在有限的迭代次数中收敛到稳定点。同时,图 7.4 也展示了算法 7.1 的收敛性。其中每个 RRHC 的前向链路容量设置为 1 Gbit/s。在算法 7.1 中,采用对半检索法来调整补偿价格,以满足前向链路容量约束。可以发现,大约 10 次迭代后,每个 RRHC 的前向链路容量会收敛到预定义的阈值。

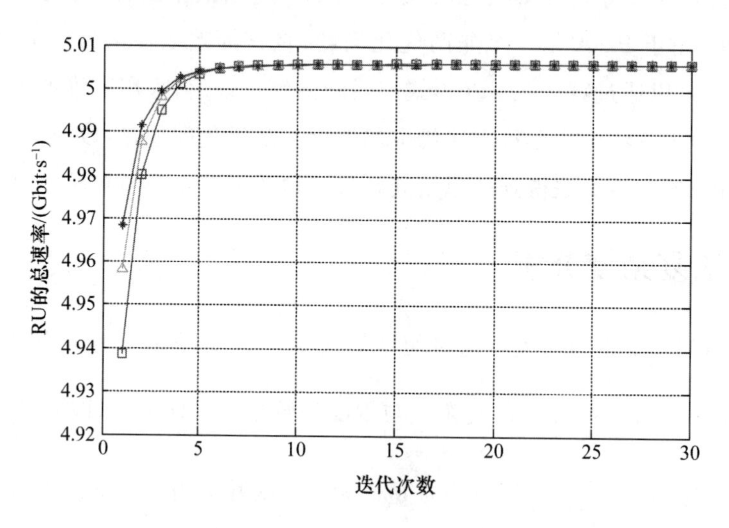


图 7.3 算法 7.2 在不同初始发射功率下的收敛性

图 7.5 展示了 MU 的总速率与前向链路容量约束的关系,考虑设置不同的总发射功率 $P_{\max}$和带宽分配系数 $\eta$。当前向链路容量较低时,MU 的总速率受前向链路容量的限制。随着 $R_{\max}$的增加,MU 的总速率达到最大值,尤其是对于较小的 $\eta$ 和 $P_{\max}$。这意味着尽管前向

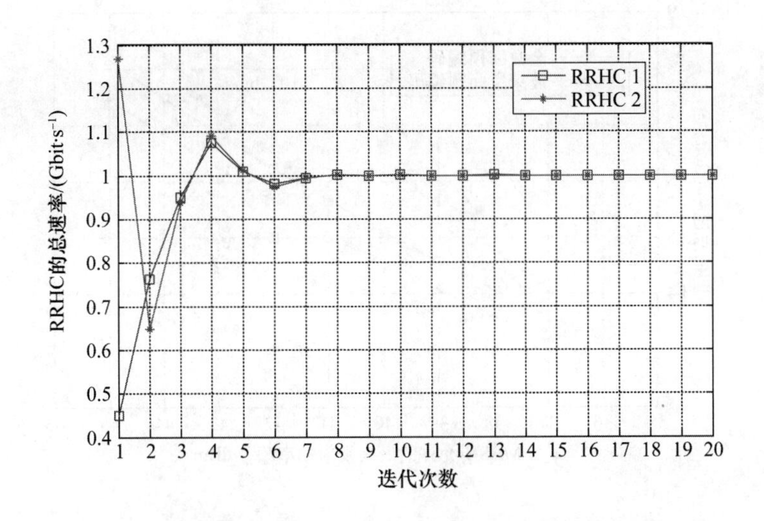


图 7.4 算法 7.1 的收敛性

链路容量很大,但由于带宽窄和发射功率低,MU 的总速率受到限制。图 7.6 绘制了 MU 的总速率与 MBS 所允许的最大发射功率的关系,其中 $\eta=0.5$。将波束空间预编码方案与传统的全数字预编码方案进行了比较,也就是说,每个 RF 链都连接到每个天线。对于大前向链路容量,如 10 Gbit/s,不论总发射功率如何,在波束空间预编码方案下 MU 的总速率略低于在全数字预编码下的总速率。这是由于 RF 链数量有限,波束空间预编码方案仅选择每个 MU 的高增益波束空间信道。但是,波束空间预编码方案显著降低了硬件成本和能耗。对于小前向链路容量,如 5 GHz,当 $P_{max}$ 较大时,两种预编码方案下 MU 的总速率几乎相同。不难理解,低的前向链路容量会限制接入链路的总速率。

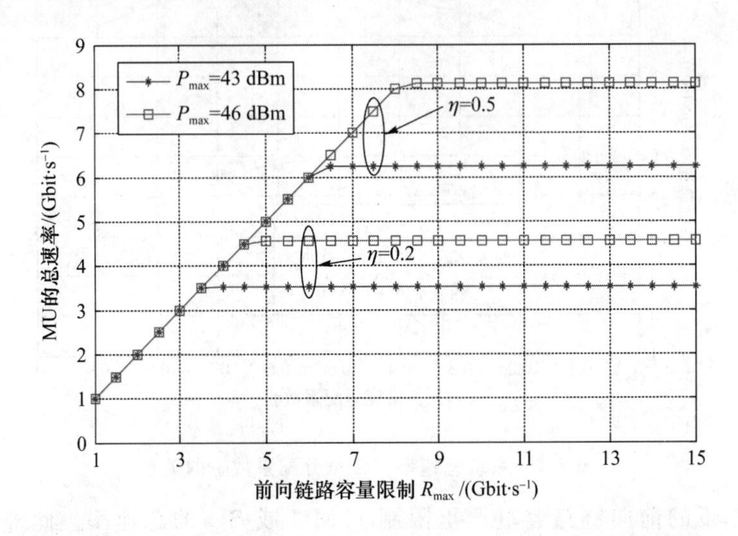


图 7.5 MU 的总速率与前向链路容量约束的关系

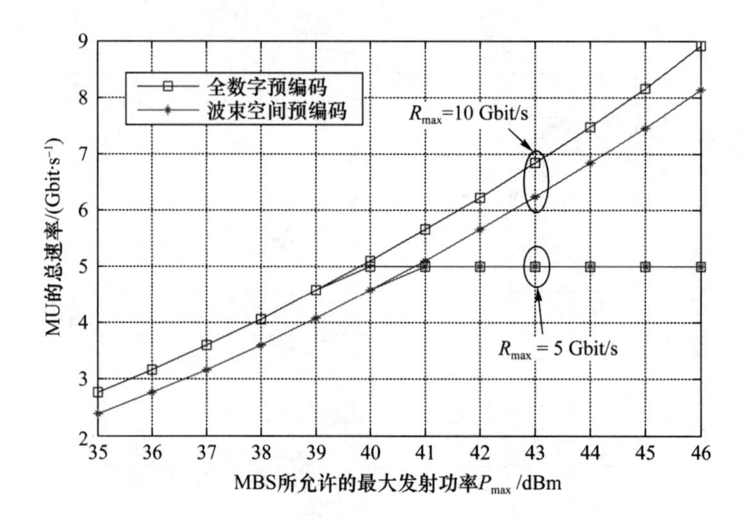


图 7.6 MU 的总速率与 MBS 所允许的最大发射功率 $P_{max}$ 的关系

图 7.7 绘制了系统的总速率与带宽分配系数的关系，每个 RRHC 设置 $K_l = 4$ 和 $P_{max,l} = 30$ dBm，$N = 2$ 且 $P_{max} = 43$ dBm。假设 RRHC 和 MBS 的前向链路容量相同。对于较大的前向链路容量，可以观察到总速率随 $\eta$ 先增大后减小，这意味着可以找到唯一的最优 $\eta$。但是，当前向链路容量较小时，总速率先增加，然后在持续时间 $\eta$ 内达到峰值，最后降低。例如，当 $R_{max} = R_{max,l} = 2$ Gbit/s 时，总速率将最大值保持在 $0.1 \leqslant \eta \leqslant 0.5$。这是因为接入链路的总速率受前向链路容量的限制。在这种情况下，最优 $\eta$ 是一个连续间隔，而相应的传输功率是相同的。为了阐明以上几点，在图 7.8 中分别展示了 MU 和 RU 相应的总速率。

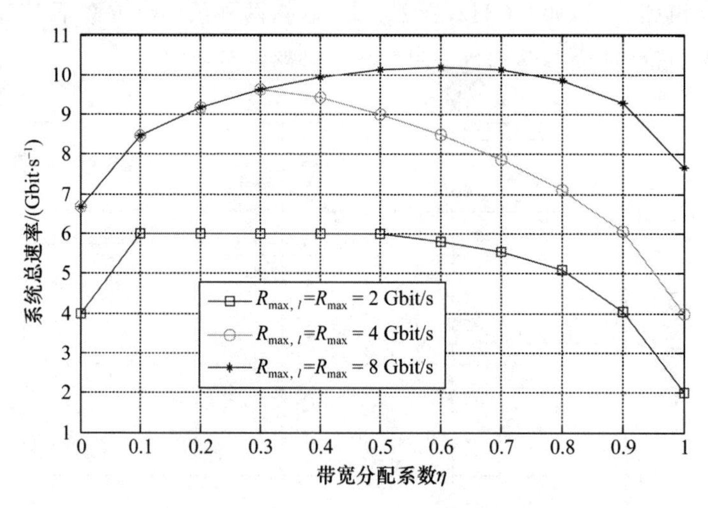


图 7.7 系统总速率与带宽分配系数 $\eta$ 的关系

可以发现，低的前向链路容量严重限制了 MU 或 SU 的总速率。此外，假设有两个 RRHC 和一个 MBS，总的前向链路容量约束应为 $R_{max} + R_{max,1} + R_{max,2}$。因此，对于 $R_{max} = R_{max,l} = 2$ Gbit/s，可达到的系统总速率高于 2 Gbit/s，并且最大系统总速率可以达到 6 Gbit/s。

当 $R_{\max}=R_{\max,l}=4$ Gbit/s 时，最大系统总速率可以达到 12 Gbit/s。类似的，RU 的最大总速率可达到 $R_{\max,1}+R_{\max,2}$，MU 的最大总速率可达到 $R_{\max}$，如图 7.7 和图 7.8 所示。

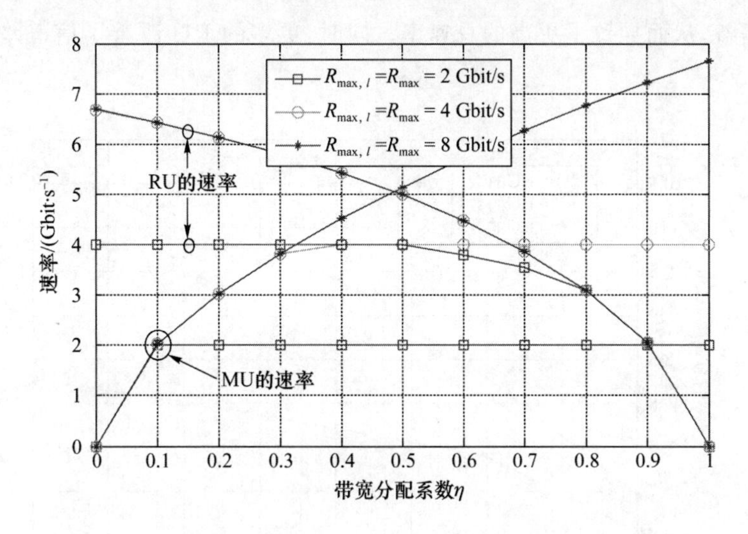


图 7.8 总速率与带宽分配系数 $\eta$ 的关系

图 7.9 展示了 RU 的总速率与每个 RRHC 功率的关系，将 $K_l$ 设置为 4，$N=2$，$\eta=0.5$。可以证明，当前向链路容量较小时，在不同的 $P_{\max}$ 下，RU 的总速率是一个常数（即最大前向链路容量）。但是，对于更大的前向链路容量，RU 的总速率随 $P_{\max,l}$ 而增加。不难理解，较大的前向链路容量可以为每个 RRHC 提供更高的速率。因此，增加每 RRHC 功率可以改善 RU 的总速率。相反，即使每个 RRHC 可以通过增加发射功率来获得更高的速率，小前向链路容量也无法提供如图 7.9 所示的高速率。

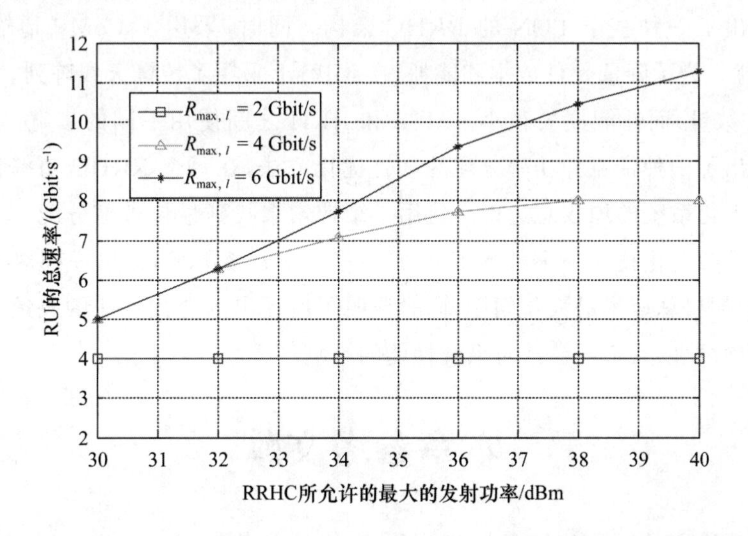


图 7.9 RU 的总速率与每个 RRHC 总发射功率的关系

图 7.10 展示了 RU 的总速率与 RRH 天线数量的关系，将每个 RRHC 的最大功率和

前向链路容量分别设置为 30 dBm 和 6 Gbit/s。可以观察到,RU 的总速率随着 RRH 天线的数量而增加。同时,更多的 RU 带来更高的总速率。不难理解,RRH 天线的增加带来了更高的信道增益,从而导致了更高的总速率。同时,更多的 RU 改善了信道差异,从而提高总速率。

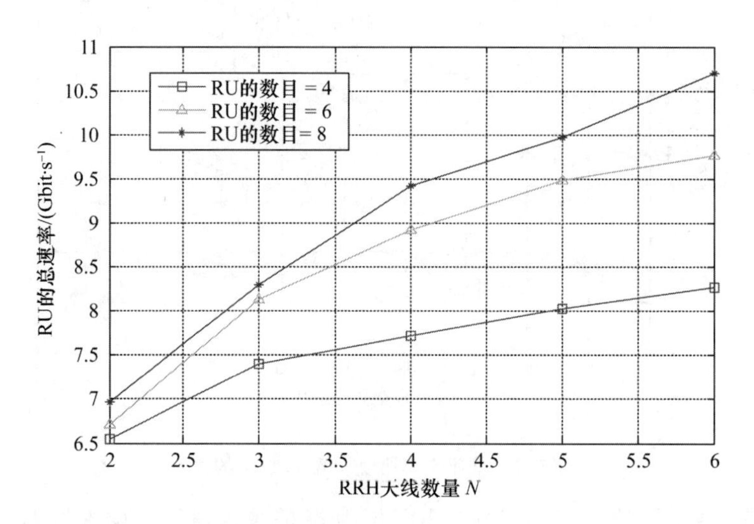


图 7.10　RU 的总速率与 RRH 天线数量 $N$ 的关系

# 本章小结

本章研究了毫米波 mMIMO H-CRAN 系统中的资源分配问题。为了减少巨大的光纤安装成本,提出了一种基于 PON 的 RRHC 架构。同时,采用了 CoMP 传输技术来消除 RRHC 内干扰。为了降低硬件成本和能耗,在 MBS 上采用了棱镜天线阵列,大大减少了所需的 RF 链的数量,而性能损失很小。MBS 和 RRH 之间使用不同的带宽,以避免层间干扰。然后,提出了一种带宽和功率分配的联合优化方法,在每个 RRHC 功率和前向链路容量约束下,最大化系统的加权总速率。使用一维搜索来找到最佳带宽分配。对于固定带宽分配,应用标准凸优化技术来求解 MU 的加权总速率。接下来,提出一种双循环迭代算法来解决 RU 的加权总速率最大化问题,同时证明了所提出的迭代算法的收敛性。仿真结果表明算法的有效性以及不同参数对系统性能的影响。

# 本章参考文献

[1]　GE X, TU S, MAO G, et al. 5G Ultra-dense cellular networks[J]. IEEE Wireless Communications, 2016, 23(1): 72-79.

[2]　ZHANG H, DONG Y, CHENG J, et al. Fronthauling for 5G LTE-U ultra dense

cloud small cell networks[J]. IEEE Wireless Communications, 2017, 23(6): 48-53.

[3] PENG M, WANG C, LI J, et al. Recent advances in underlay heterogeneous networks: interference control, resource allocation, and self-organization[J]. IEEE Communications Surveys & Tutorials, 2015, 17(2): 700-729.

[4] LI J, PENG M, YU Y, et al. Energy-efficient joint congestion control and resource optimization in heterogeneous cloud radio access networks[J]. IEEE Transactions on Vehicular Technology, 2016, 65(12): 9873-9887.

[5] PENG M, ZHANG K, JIANG J, et al. Energy-efficient resource assignment and power allocation in heterogeneous cloud radio access networks [J]. IEEE Transactions on Vehicular Technology, 2015, 64(11): 5275-5287.

[6] CHIH-LIN I, HUANG J, DUAN R, et al. Recent progress on C-RAN centralization and cloudification[J]. Access IEEE, 2014, 2(2): 1030-1039.

[7] SAWAHASHI M, KISHIYAMA Y, MORIMOTO A, et al. Coordinated multipoint transmission/reception techniques for LTE-advanced [Coordinated and Distributed MIMO][J]. IEEE Wireless Communication, 2010, 17(3): 26-34.

[8] HAO W, YANG S. Small cell cluster-based resource allocation for wireless backhaul in two-tier heterogeneous networks with massive MIMO[J]. IEEE Transactions on Vehicular Technology, 2018, 67(1): 509-523.

[9] WANG X, WANG L, CAVDAR C, et al. Handover reduction in virtualized cloud radio access networks using TWDM-PON fronthaul [J]. Journal of Optical Communications and Networking, 2016, 8(12): B124-B134.

[10] MIYANABE K, SUTO K, FADLULLAH Z M, et al. A cloud radio access network with power over fiber toward 5G networks: QoE-guaranteed design and operation[J]. IEEE Wireless Communications, 2015, 22(4): 58-64.

[11] PAPADOGIANNIS A, GESBERT D, HARDOUIN E. A dynamic clustering approach in wireless networks with multi-cell cooperative processing[C]. IEEE International Conference on Communications, Beijing, 2008: 4033-4037.

[12] HAO W, MUTA O, GACANIN H, et al. Dynamic small cell clustering and non-cooperative game-based precoding design for two-tier heterogeneous networks with massive MIMO [J]. IEEE Transactions on Communications, 2018, 66 (2): 675-687.

[13] HONG M, SUN R, BALIGH H, et al. Joint base station clustering and beamformer design for partial coordinated transmission in heterogeneous networks[J]. IEEE Journal on Selected Areas in Communications, 2013, 31(2): 226-240.

[14] ZENG Y，ZHANG R. Millimeter wave MIMO with lens antenna array：a new path division multiplexing paradigm[J]. IEEE Transactions on Communications，2016，64(4)：1557-1571.

[15] GAO X，DAI L，CHEN Z，et al. Near-optimal beam selection for beamspace mmWave massive MIMO systems[J]. IEEE Communications Letters，2016，20(5)：1054-1057.

[16] WANG B，DAI L，WANG Z，et al. Spectrum and energy-efficient beamspace MIMO-NOMA for millimeter-wave communications using lens antenna array[J]. IEEE Journal on Selected Areas in Communications，2017，35(10)：2370-2382.

[17] AMADORI P V，MASOUROS C. Low RF-complexity millimeter-wave beamspace-MIMO systems by beam selection[J]. IEEE Transactions on Communications，2015，63(6)：2212-2223.

[18] KIAEI M，FOULI K，SCHEUTZOW M，et al. Low-latency polling schemes for long-reach passive optical networks[J]. IEEE Transactions on Communications，2013，61(7)：2936-2945.

[19] BRADY J，BEHDAD N，et al. Beamspace MIMO for millimeter-wave communications：System architecture，modeling，analysis，and measurements[J]. IEEE Transactions on Antennas & Propagation，2013，61(7)：3814-3827.

[20] HAO W，CHU Z，ZHOU F，et al. Green communication for NOMA-based CRAN[J]. Internet of Things Journal，IEEE，2018，6(1)：666-678.

[21] PENG M，WANG Y，DANG T，et al. Cost-efficient resource allocation in cloud radio access networks with heterogeneous fronthaul expenditures[J]. IEEE Transactions on Wireless Communications，2017，16(7)：4626-4638.

[22] ZHANG R. Cooperative multi-cell block diagonalization with per-base-station power constraints[J]. IEEE Journal on Selected Areas in Communications，2010，28(9)：1435-1445.

[23] BOYD S，VANDENBERGHE L. Convex optimization[M]. Cambridge，U. K.：Cambridge Univ. Press，2004.

[24] ZHANG Q，LI Q，QIN J. Robust beamforming for nonorthogonal multiple-access systems in MISO channels[J]. IEEE Transactions on Vehicular Technology，2016，62(12)：10231-10236.

[25] GRANT M，BOYD S. CVX：MATLAB software for disciplined convex programming.[EB/OL]. http://cvxr.com/cvx，2008.

[26] BERTSEKAS D P. Nonlinear programming[M]. 2nd ed. Belmont，MA，USA：

Athena Scientific，1999.

[27] RAPPAPORT T S，MACCARTNEY G R，SAMIMI M K，et al. Wideband millimeter-wave propagation measurements and channel models for future wireless communication system design[J]. IEEE Transactions on Communications，2015，63(9)：3029-3056.

# 第8章　SC型毫米波大规模MIMO异构网络能效资源优化

## 8.1　引　　言

本章研究具有不同频带的两层mMIMO-HetNet中的能效(EE)最大化问题。具体来说,具有大规模天线阵列的MBS以毫米波频率工作,同时为MU提供下行(DL)数据和SBS提供回程数据。基于SC集群(SCC)的单天线SBS使用正交频分多址(OFDMA)技术在传统蜂窝频率(Sub-6 GHz)下运行,并为SC用户(SU)提供服务。本章基于天线连接性考虑了两种不同的MBS结构,包括全连接结构和子链接结构。此外,针对两种天线结构,设计了不同的低复杂度混合预编码方案,提出一种基于码本的模拟波束搜索算法,并采用ZF数字预编码来消除不同MU和SBS之间的干扰。

## 8.2　系统模型描述

### 8.2.1　系统模型

考虑具有无线回程链路的两层mMIMO-HetNet系统模型,如图8.1所示。

假设系统由一个MBS和$L$个SCC组成,其中每个SCC包括多个SC(每个SCC都可以视为一个热点,如车站、超市等)。换句话说,具有相近距离的SBS将形成SCC。配备$N_{\mathrm{TX}}$个天线的MBS为$K$个MU提供服务,同时所有SBS都会从MBS接收SU的数据(即回程数据)。与文献[1]和文献[2]相似,在MBS处使用具有$W$(Hz)带宽的毫米波频率,假设第$l$个SCC中有$M_l$个单天线SBS和$K_l$个单天线SU。

为避免层间干扰,所有SBS使用OFDMA技术在蜂窝频率下以$B$(Hz)带宽将其接收到的数据进行编码,分为$N$个正交频率子信道。由于SU由不同的子信道提供服务,因此不会产生簇内干扰。另外,SC根据它们的相对距离被分组为不同的SCC,由于不同SCC之间的距离大,所以簇间干扰小到可以忽略,并且可以在所有SCC上复用$N$个子信道。本章

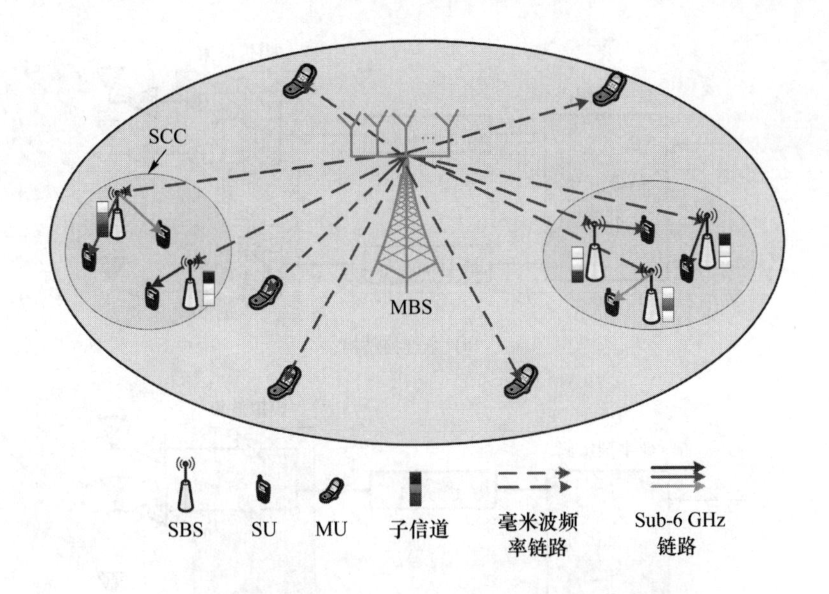


图 8.1 基于无线回程的两层 mMIMO-HetNet 系统模型

将全双工(Full Duplex,FD)技术用于回程链路,在 SBS 上配备了 FD 通信硬件,因此 SBS 能够以毫米波频率从 MBS 接收数据,并同时以蜂窝频率向 SU 发送数据[1,3]。用 $\mathcal{L}=\{1,\cdots,L\}$ 和 $\mathcal{K}=\{1,\cdots,K\}$ 分别表示 SCC 和 MU 的集合,用 $\mathcal{M}_l=\{1,\cdots,M_l\}$ 和 $\mathcal{K}_l=\{1,\cdots,K_l\}$ 分别表示第 $l$ 个 SCC 中的 SBS 和 SU 的集合。

**1. 混合模拟/数字编码 MBS**

如图 8.2 所示,假设 MBS 配备 $N_{\mathrm{RF}}$($N_{\mathrm{RF}}\leqslant N_{\mathrm{TX}}$)个射频链以降低硬件成本和能耗。由于 MBS 同时向 MU 和 SBS 分别传输 MU 的数据和 SU 的数据,射频链的数量应大于或等于 MU 和 SU 的总数,即 $N_{\mathrm{RF}}\geqslant\sum_{l=1}^{L}M_l+K$。通常,射频链的设计有两种结构,包括全连接结构(图 8.2(a))和子链接结构(图 8.2(b))。对于全连接结构,每个射频链通过一组移相器连接到所有天线,使得不同的射频链共享所有天线。相比之下,对于子链接结构,每个射频链仅通过移相器连接到不相交的天线子集,使得不同的射频链驱动不同的天线子链接。这里,假设所有天线子链接中的天线数量相同,表示为 $N_{\mathrm{SUB}}=N_{\mathrm{TX}}/N_{\mathrm{RF}}$(在此,$N_{\mathrm{SUB}}$应该是整数,但当 $N_{\mathrm{SUB}}$不是整数时,即不同子链接中的天线数量可能不同,这种情况也适用于本章所提方案)。

因此,第 $k$ 个 MU 的接收信号可以表示为

$$
\begin{aligned}
y_{0,k} &= \sum_{i=1}^{K}\sqrt{P_{0,i}}\,\boldsymbol{h}_{0,k}\boldsymbol{F}\,\boldsymbol{v}_{0,i}x_{0,i}+\sum_{l=1}^{L}\sum_{j=1}^{M_l}\sqrt{P_{l,j}}\,\boldsymbol{h}_{0,k}\boldsymbol{F}\,\boldsymbol{v}_{l,j}x_{l,j}+n_{0,k}\\
&= \underbrace{\sqrt{P_{0,k}}\,\boldsymbol{h}_{0,k}\boldsymbol{F}\,\boldsymbol{v}_{0,k}x_{0,k}}_{\text{所需信号}}+\underbrace{\sum_{i\neq k}^{K}\sqrt{P_{0,i}}\,\boldsymbol{h}_{0,k}\boldsymbol{F}\,\boldsymbol{v}_{0,i}x_{0,i}}_{\text{多MU干扰}}+
\end{aligned}
$$

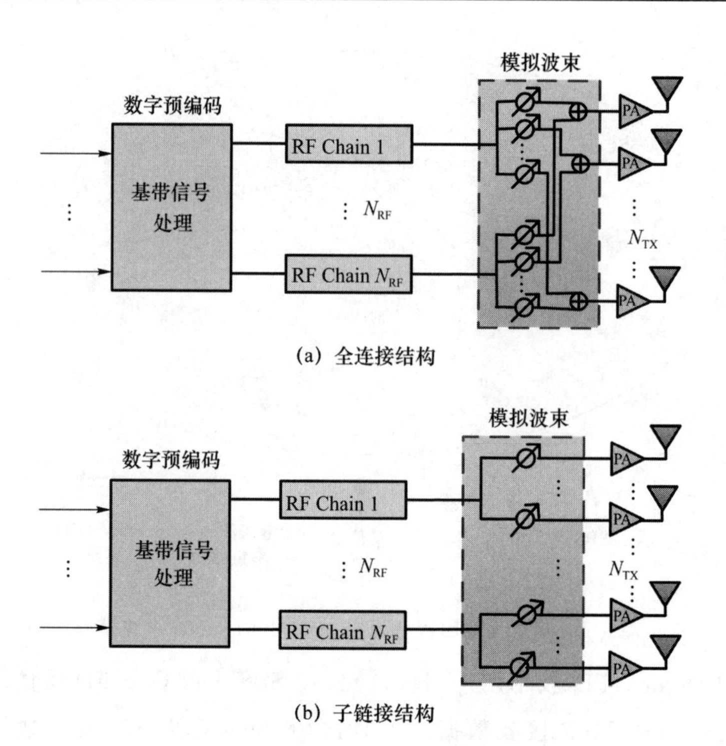


(a) 全连接结构

(b) 子链接结构

图 8.2 MBS 的两种结构

$$\underbrace{\sum_{l=1}^{L}\sum_{j=1}^{M_l}\sqrt{P_{l,j}}\,\boldsymbol{h}_{0,k}\boldsymbol{F}\,\boldsymbol{v}_{l,j}x_{l,j}}_{\text{SBS信号干扰}}+\underbrace{n_{0,k}}_{\text{噪声}} \tag{8.1}$$

其中：$P_{0,k}$和 $P_{l,j}$ 分别表示第 $k$ 个 MU 和第 $l$ 个 SCC 中第 $j$ 个 SBS；$\boldsymbol{h}_{0,k}\in\mathbb{C}^{1\times N_{\mathrm{TX}}}$表示从 MBS 到第 $k$ 个 MU 的 DL 信道；$x_{0,k}$和 $x_{l,j}$ 分别表示第 $k$ 个 MU 和第 $l$ 个 SCC 中第 $j$ 个 SBS 的传输信号，且$\mathbb{E}\{|x_{0,k}|\}=1$ 和$\mathbb{E}\{|x_{l,j}|\}=1$；$\boldsymbol{v}_{0,k}$ 和$\boldsymbol{v}_{l,j}$ 分别表示第 $k$ 个 MU 和第 $l$ 个 SCC 中第 $j$ 个 SBS 的数字预编码，$n_{0,k}$是满足 $\mathcal{CN}(0,N_0)$的独立同分布 AWGN。在式(8.1)中，$\boldsymbol{F}$ 是由等功率分配器和移相器实现的 $N_{\mathrm{TX}}\times N_{\mathrm{RF}}$模拟波束成形矩阵，在全连接结构中 $\boldsymbol{F}$ 可表示为

$$\boldsymbol{F}=\{\boldsymbol{f}_1,\boldsymbol{f}_2,\cdots,\boldsymbol{f}_{N_{\mathrm{RF}}}\} \tag{8.2}$$

其中，$\boldsymbol{f}_k\in\mathbb{C}^{N_{\mathrm{TX}}\times 1}$表示与$|(\boldsymbol{f}_k)_i|=1/\sqrt{N_{\mathrm{TX}}}(i=1,\cdots,N_{\mathrm{TX}})$ 的第 $k$ 个 RF 链相关的波束成形矢量。在子链接结构中，$\boldsymbol{F}$ 可表示为

$$\boldsymbol{F}=\begin{pmatrix}\boldsymbol{f}_1 & \boldsymbol{0} & \cdots & \boldsymbol{0}\\ \boldsymbol{0} & \boldsymbol{f}_2 & \cdots & \boldsymbol{0}\\ \vdots & \vdots & & \vdots\\ \boldsymbol{0} & \boldsymbol{0} & \cdots & \boldsymbol{f}_{N_{\mathrm{RF}}}\end{pmatrix} \tag{8.3}$$

其中，$\boldsymbol{f}_k \in \mathbb{C}^{N_{\text{SUB}} \times 1}$表示与$|(\boldsymbol{f}_k)_i| = 1/\sqrt{N_{\text{SUB}}}(i=1,\cdots,N_{\text{SUB}})$的第$k$个RF链相关的波束成形矢量。

第$l$个SCC中的第$j$个SBS的接收信号可以表示为

$$\begin{aligned} y_{l,j} &= \sum_{i=1}^{L} \sum_{k=1}^{M_i} \sqrt{P_{i,k}}\, \boldsymbol{h}_{l,j} \boldsymbol{F}\, \boldsymbol{v}_{i,k} x_{i,k} + \sum_{k=1}^{K} \sqrt{P_{0,k}}\, \boldsymbol{h}_{l,j} \boldsymbol{F}\, \boldsymbol{v}_{0,k} x_{0,k} + n_{l,j} \\ &= \underbrace{\sqrt{P_{l,j}}\, \boldsymbol{h}_{l,j} \boldsymbol{F}\, \boldsymbol{v}_{l,j} x_{l,j}}_{\text{所需信号}} + \underbrace{\sum_{k=1}^{K} \sqrt{P_{0,k}}\, \boldsymbol{h}_{l,j} \boldsymbol{F}\, \boldsymbol{v}_{0,k} x_{0,k}}_{\text{多MU干扰}} + \\ &\quad \underbrace{\sum_{k \neq j}^{M_l} \sqrt{P_{l,k}}\, \boldsymbol{h}_{l,j} \boldsymbol{F}\, \boldsymbol{v}_{l,k} x_{l,k} + \sum_{i \neq l}^{L} \sum_{k=1}^{M_i} \sqrt{P_{i,k}}\, \boldsymbol{h}_{l,j} \boldsymbol{F}\, \boldsymbol{v}_{i,k} x_{i,k}}_{\text{多SBS干扰}} + \underbrace{n_{l,j}}_{\text{噪声}} \end{aligned} \tag{8.4}$$

其中，$\boldsymbol{h}_{l,j} \in \mathbb{C}^{1 \times N_{\text{TX}}}$表示从MBS到第$l$个SCC中的第$j$个SBS的DL信道，$n_{l,j}$表示满足$\mathcal{CN}(0, N_0)$的独立同分布AWGN。

**2. SCC中基于OFDMA的FD SBS**

令$\mathcal{N} = \{1,\cdots,N\}$表示表示正交子信道集，$c_{k,n}^{l,j}$表示第$k$个用户在第$l$个SCC中的第$j$个SBS处被分配到第$n$个子信道，例如

$$c_{k,n}^{l,j} = \begin{cases} 1, & \text{是} \\ 0, & \text{其他} \end{cases} \tag{8.5}$$

其中$k \in K_l, l \in \mathcal{L}, j \in \mathcal{M}_l, n \in \mathcal{N}$。

在每个SCC中，本章假设不同的SBS可以通过不同的子信道将数据发送到同一个SU，并且每个子信道$n \in \mathcal{N}$最多分配给一个SU来避免干扰。换句话说，每个子信道仅分配给一个SU-SBS对，因此有以下约束：

$$\sum_{k=1}^{K_l} \sum_{j=1}^{M_l} c_{k,n}^{l,j} \leqslant 1,\ n \in \mathcal{N}, l \in \mathcal{L} \tag{8.6}$$

通过第$j$个SBS的第$l$个SCC中的第$k$个SU的第$n$个子信道处的接收信号可以表示为

$$y_{k,n}^{l,j} = c_{k,n}^{l,j} \sqrt{P_{k,n}^{l,j}} h_{k,n}^{l,j} x_{k,n}^{l,j} + n_{k,n}^{l,j} \tag{8.7}$$

其中，$P_{k,n}^{l,j}$、$h_{k,n}^{l,j}$和$x_{k,n}^{l,j}$分别表示通过第$j$个SBS的第$l$个SCC中的第$k$个SU的第$n$个子信道处的发射功率、DL信道和发射信号，$n_{k,n}^{l,j}$表示满足$\mathcal{CN}(0, N_0)$的独立同分布AWGN。根据式(8.5)可以得到，当$c_{k,n}^{l,j}=0$时，$P_{k,n}^{l,j}=0$。

## 8.2.2　毫米波信道模型

由于毫米波信道中的有限散射[4-6]，可以采用具有$G$散射的几何信道模型。假设每个

散射在 MBS 和 MU(SBS)之间形成一条传播路径[7,8]。因此,信道$\boldsymbol{h}_{l,k}$可以表示为

$$\boldsymbol{h}_{l,k}=\sqrt{\frac{N_{\mathrm{TX}}}{G}}\sum_{g=1}^{G}\beta_{l,k}^{g}\boldsymbol{a}^{\mathrm{H}}(\theta_{l,k}^{g}) \tag{8.8}$$

当 $l=0,k\in\mathscr{K}$ 时,$\boldsymbol{h}_{l,k}$表示从 MBS 到第 $k$ 个 MU 的 DL 信道。在这种情况下,$\beta_{l,k}^{g}$表示 MBS 和第 $k$ 个 MU 之间的第 $g$ 条路径的复数增益,假定路径幅度满足瑞利分布,即 $\beta_{l,k}^{g}\sim\mathscr{CN}(0,\sigma_{l,k}^{g})$,其中 $\sigma_{l,k}^{g}$代表第 $k$ 个 MU 的第 $g$ 簇的平均功率。$\theta_{l,k}^{g}\in[0,2\pi]$是 MBS 和第 $k$ 个 MU 之间的第 $g$ 条路径的方位角偏离(Azimuth Angles of Departure,AoD),$\boldsymbol{a}(\theta_{l,k}^{g})$是关于$\theta_{l,k}^{g}$的天线阵列控制矢量。在这里,仅考虑水平方位角,但是可以扩展到仰角和垂直方位角(即 3-D 波束成形)。当 $k\in K_l,l\in\mathscr{L}$时,$\boldsymbol{h}_{l,k}$表示从 MBS 到第 $l$ 个 SCC 中的第 $k$ 个 SBS 的 DL 信道。对于统一线性阵列(Uniform Linear Array,ULA)配置,可以将 $\boldsymbol{a}(\theta_{l,k}^{g})$表示为

$$\boldsymbol{a}(\theta_{l,k}^{g})=\frac{1}{\sqrt{N_{\mathrm{TX}}}}(1,\mathrm{e}^{\mathrm{j}\frac{2\pi}{\lambda}d\sin(\theta_{l,k}^{g})},\cdots,\mathrm{e}^{\mathrm{j}\frac{2\pi}{\lambda}(N_{\mathrm{TX}}-1)d\sin(\theta_{l,k}^{g})})^{\mathrm{T}} \tag{8.9}$$

其中,$\lambda$ 和 $d$ 分别表示信号波长和天线间距。式(8.8)和式(8.9)是具有全连接结构的毫米波信道模型。对于子链接结构,RF 链连接到天线的不同子集,因此天线阵列导引向量 $\boldsymbol{a}(\theta_{l,k}^{g})$包含多个子链接导引向量,可表示为

$$\boldsymbol{a}(\theta_{l,k}^{g})=((\boldsymbol{a}_1(\theta_{l,k}^{g,1}))^{\mathrm{T}},\cdots,(\boldsymbol{a}_{N_{\mathrm{RF}}}(\theta_{l,k}^{g,N_{\mathrm{RF}}}))^{\mathrm{T}})^{\mathrm{T}} \tag{8.10}$$

其中,$\boldsymbol{a}_s(\theta_{l,k}^{g,s})=(1,\mathrm{e}^{\mathrm{j}\frac{2\pi}{\lambda}d\sin(\theta_{l,k}^{g,s})},\cdots,\mathrm{e}^{\mathrm{j}\frac{2\pi}{\lambda}(N_{\mathrm{SUB}}-1)d\sin(\theta_{l,k}^{g,s})})^{\mathrm{T}}/\sqrt{N_{\mathrm{SUB}}},s=\{1,\cdots,N_{\mathrm{RF}}\}$。相应的,信道$\boldsymbol{h}_{l,k}$可以表示为

$$\boldsymbol{h}_{l,k}=((\boldsymbol{h}_{l,k}^{1})^{\mathrm{T}},(\boldsymbol{h}_{l,k}^{2})^{\mathrm{T}},\cdots,(\boldsymbol{h}_{l,k}^{N_{\mathrm{RF}}})^{\mathrm{T}})^{\mathrm{T}} \tag{8.11}$$

其中,$\boldsymbol{h}_{l,k}^{s}=\sqrt{\frac{N_{\mathrm{SUB}}}{G}}\sum_{g=1}^{G}\beta_{l,k}^{g,s}\boldsymbol{a}_s^{\mathrm{H}}(\theta_{l,k}^{g,s})(s=\{1,\cdots,N_{\mathrm{RF}}\})$。

### 8.2.3 系统功耗模型

MBS 的功耗包括发射功耗和电路功耗,电路功耗主要包括基带、RF 链、移相器和功率放大器(Power Amplifies,PA)[2,9]。对于全连接结构,有 $N_{\mathrm{RF}}$个 RF 链、$N_{\mathrm{RF}}N_{\mathrm{TX}}$个移相器和 $N_{\mathrm{TX}}$个 PA,因此电路功耗可表示为[10]

$$P_{\mathrm{c}}^{m}=P_{\mathrm{BB}}+N_{\mathrm{RF}}P_{\mathrm{RF}}+N_{\mathrm{RF}}N_{\mathrm{TX}}P_{\mathrm{PS}}+N_{\mathrm{TX}}P_{\mathrm{PA}} \tag{8.12}$$

其中,$P_{\mathrm{BB}}$、$P_{\mathrm{RF}}$、$P_{\mathrm{PS}}$和 $P_{\mathrm{PA}}$分别表示基带、RF 链、移相器和 PA 的功耗。对于子链接结构,有 $N_{\mathrm{RF}}$个 RF 链、$N_{\mathrm{TX}}$个移相器和 $N_{\mathrm{TX}}$个 PA,因此电路功耗可表示为[10]

$$P_{\mathrm{c}}^{m}=P_{\mathrm{BB}}+N_{\mathrm{RF}}P_{\mathrm{RF}}+N_{\mathrm{TX}}P_{\mathrm{PS}}+N_{\mathrm{TX}}P_{\mathrm{PA}} \tag{8.13}$$

因此,MBS 的总功耗可通过以下公式得出:

$$P_{\mathrm{MBS}} = P_{\mathrm{c}}^{m} + \xi\Big(\sum_{k=1}^{K} P_{0,k} + \sum_{l=1}^{L}\sum_{k=1}^{M_l} P_{l,k}\Big) \tag{8.14}$$

其中,$\xi$ 是一个常数,表示 PA 的低效率[11]。

FD SBS 的总功耗可表示为[12]

$$P_{\mathrm{SBS}} = \sum_{l=1}^{L} M_l P_{\mathrm{c}}^{\mathrm{s}} + \xi\Big(\sum_{l=1}^{L}\sum_{j=1}^{M_l}\sum_{k=1}^{K_l}\sum_{n=1}^{N} c_{k,n}^{l,j} P_{k,n}^{l,j}\Big) \tag{8.15}$$

其中,$P_{k,n}^{l,j}$ 是 SBS 的电路功耗。

# 8.3 EE 最大化问题的形成

本节首先在 MBS 上为两种不同的结构设计混合模拟/数字预编码,然后根据用户的 QoS 和有限的无线回程链路容量建立优化功率和子信道分配问题以最大化 mMIMO-HetNet 的 EE。

## 8.3.1 MBS 的混合模拟/数字预编码

由于移相器大部分是数字控制的,对于具有移相器的模拟波束成形设计,只能使用有限的量化角度,波束形成角度需要从有限的码本中选择,其中波束码本应具有与式(8.9)中的阵列向量相同的形式[7]。基于以上分析,可以将模拟波束成形设计视为针对每个 RF 链的基于波束码本的搜索。此后,对于数字预编码设计,可以应用常规的 ZF 方法来消除多用户干扰。

**1. 全连接结构**

大多数模拟波束设计方案在用户和 RF 链之间需要相同的数量[13-15],文献[16]为室内多用户场景设计了一种基于距离的模拟波束方案,其中用户数量大于射频链的数量。受此启发,本章将文献[16]中的方案扩展到 HetNet 场景,并提出了一种基于瞬时信道增益的模拟波束设计方案。具体来讲,首先将 SBS 视为特殊的 MU,因此为一个 MU 设计了与一个 RF 链相关的模拟波束(在这里,由于将 SBS 视为特殊的 MU,因此全连接结构和子链接结构中提到的“MU”也表示 SBS),忽略了对其他 MU 的干扰。相应地,可以从 MU 的传输码本中选择最佳的模拟波束成形。由于 RF 链的数量可能大于 MU 的数量,因此某些 MU 将被分配一条以上的 RF 链。为了确保所有 MU 之间的公平性和系统的整体性能,首先将 RF 链分配给 MU,并在每个周期中搜索最小的信道增益,直到分配了所有 RF 链。本章在算法 8.1 中总结了上述模拟波束设计方案。

**算法 8.1**：MBS 全连接结构下的模拟波束设计

1. 初始化 MU $k$ 的波束控制码本，$\mathscr{F}_{0,k}=\{\boldsymbol{a}(\theta_{0,k}^{1}),\cdots,\boldsymbol{a}(\theta_{0,k}^{G})\}$，对于第 $l$ 个 SCC 中的第 $j$ 个 SBS，$\mathscr{F}_{l,j}=\{\boldsymbol{a}(\theta_{l,j}^{1}),\cdots,\boldsymbol{a}(\theta_{l,j}^{G})\}$，模拟预编码矩阵 $\boldsymbol{F}=[\,]$，迭代次数 $n=1$
2. 循环设置 $n\leqslant N_{\mathrm{RF}}$
3. 找出一个具有最小信道增益的 MU(SBS)使得 $\{l^{\star},k^{\star}\}=\underset{l=0,k\in\{\mathscr{K}\},l\in\mathscr{L},k\in\mathscr{M}_l}{\arg;\min}\|\boldsymbol{h}_{l,k}\|$
4. 对 $\mathscr{F}_{l^{\star},k^{\star}}$ 进行搜索找到使 $\boldsymbol{f}_n^{\star}=\underset{f_n\in\mathscr{F}_{l^{\star},k^{\star}}}{\arg;\max}\|\boldsymbol{h}_{l^{\star},k^{\star}}\boldsymbol{f}_n\|$ 的 MU(SBS)波束控制矢量
5. 若 $l^{\star}=0$，$\mathscr{K}=\mathscr{K}-\{k^{\star}\}$，若 $l^{\star}\in\mathscr{L}$，$\mathscr{M}_l=\mathscr{M}_l-\{k^{\star}\}$
6. 如果 $\mathscr{K}=\varnothing$ 且 $\mathscr{M}_l=\varnothing(l\in\mathscr{L})$
7. 初始化 $\mathscr{K}$ 和 $\mathscr{M}_l(l\in\mathscr{L})$
8. 结束
9. 计算 $\boldsymbol{F}=[\boldsymbol{F}\ \boldsymbol{f}_n^{\star}]$，$\mathscr{F}_{l^{\star},k^{\star}}=\mathscr{F}_{l^{\star},k^{\star}}-\{\boldsymbol{f}_n^{\star}\}$，$n=n+1$
10. 结束循环
11. 输出 $\boldsymbol{F}$

**2. 子链接结构**

子链接结构与全连接结构不同，它的 RF 链连接到不同的天线子集，其中每个天线子集只有一个波束控制方向，因此可以将基于 RF 链的码本搜索视为基于子链接的波束搜索。根据以上分析，需要将与一个 RF 链关联的子链接天线分配给一个 MU，直到分配了所有 RF 链。为了保证所有 MU 之间的公平性和系统整体性能，首先从其 MU 的 $N_{\mathrm{RF}}$ 子链接通道增益中获得每个 MU 的最大子链接通道增益，具体如下：

$$\{l,k,\|\boldsymbol{h}_{l,k}^{s^{\star}}\|\}=\underset{s=\{1,\cdots,N_{\mathrm{RF}}\}}{\arg\max}\|\boldsymbol{h}_{l,k}^{s}\|,\quad l\in\{0,\mathscr{L}\},k\in\{\mathscr{K},\mathscr{M}_l\}\tag{8.16}$$

然后，从式(8.16)中选择一个拥有最小子链接通道增益的 RF 链和 MU 对。此后，将删除选定的 RF 链和 MU 对，并在每个搜索周期的其余 RF 链和 MU 中重复上述过程。本章在算法 8.2 中总结了上述模拟波束成形设计方案。

**算法 8.2**：MBS 子链接结构下的模拟波束设计

1. 初始化 MU $k$ 的波束控制码本，$\mathscr{F}_{0,k}^{s}=\{\boldsymbol{a}_s(\theta_{0,k}^{1;s}),\cdots,\boldsymbol{a}_s(\theta_{0,k}^{G;s})\}(s\in S)$，对于第 $l$ 个 SCC 中的第 $j$ 个 SBS，$\mathscr{F}_{l,j}^{s}=\{\boldsymbol{a}_s(\theta_{l,j}^{1;s}),\cdots,\boldsymbol{a}_s(\theta_{l,j}^{G;s})\}(s\in S)$，其中 $S=\{1,\cdots,N_{\mathrm{RF}}\}$，模拟预编码矩阵 $\boldsymbol{F}=\mathrm{Diag}[\boldsymbol{f}_1,\cdots,\boldsymbol{f}_{N_{\mathrm{RF}}}]$，其中 $\boldsymbol{f}_s=\boldsymbol{0}_{N_{\mathrm{SUB}}\times 1}$，迭代次数 $n=1$
2. 循环设置 $n\leqslant N_{\mathrm{RF}}$

3. 从其 $N_{\mathrm{RF}}$ 子链接通道增益中获取每个 MU(SBS)的最大子链接通道增益，使得 $\{l,k,\|\boldsymbol{h}_{l,k}^{s^\star}\|\}=\arg\min_{s\in S}\|\boldsymbol{h}_{l,k}^{s}\|,l\in\{0,\mathscr{L}\},k\in\{\mathscr{K},\mathscr{M}_l\}$

4. 选择一个拥有最小子链接通道增益使得 $\{l^\star,k^\star,s^\star\}=\arg\min_{l=0,k\in\{\mathscr{K}\},l\in\mathscr{L},k\in\mathscr{M}_l}\{l,k,\|\boldsymbol{h}_{l,k}^{s^\star}\|\}$ 的 RF 链和 MU(SBS)对

5. 对 $\mathscr{F}_{l^\star,k^\star}^{\star}$ 进行搜索找到使 $\boldsymbol{f}_{s^\star}^{\star}=\arg\max_{\boldsymbol{f}_{s^\star}\in\mathscr{F}_{l^\star,k^\star}^{s^\star}}\|\boldsymbol{h}_{l^\star,k^\star}^{s^\star}\boldsymbol{f}_{s^\star}\|$ 的 MU(SBS)波束控制矢量

6. 若 $l^\star=0,\mathscr{K}=\mathscr{K}-\{k^\star\}$，若 $l^\star\in\mathscr{L},\mathscr{M}_l=\mathscr{M}_l-\{k^\star\}$

7. 如果 $\mathscr{K}=\varnothing$ 且 $\mathscr{M}_l=\varnothing(l\in\mathscr{L})$

8. 　　初始化 $\mathscr{K}$ 和 $\mathscr{M}_l(l\in\mathscr{L})$

9. 结束

10. 计算 $\boldsymbol{F},\boldsymbol{f}_{s^\star}=\boldsymbol{f}_{s^\star}^{\star},\mathscr{F}_{l^\star,k^\star}^{s^\star}=\mathscr{F}_{l^\star,k^\star}^{\star}-\{\boldsymbol{f}_{s^\star}^{\star}\},S=S-\{s^\star\},n=n+1$

11. 结束循环

12. 输出 $\boldsymbol{F}$

---

在获得模拟波束矩阵 $\boldsymbol{F}$ 之后，可以获得等效的 DL 信道 $\widetilde{\boldsymbol{h}}_{l,k}=\boldsymbol{h}_{l,k}\boldsymbol{F}(l\in\{0,\mathscr{L}\},k\in\{\mathscr{K},\mathscr{M}_l\})$。为方便起见，定义总 DL 信道如下：

$$\widetilde{\boldsymbol{H}}=(\widetilde{\boldsymbol{h}}_{0,1}^{\mathrm{T}},\cdots,\widetilde{\boldsymbol{h}}_{0,K}^{\mathrm{T}},\widetilde{\boldsymbol{h}}_{1,1}^{\mathrm{T}},\cdots,\widetilde{\boldsymbol{h}}_{0,M_1}^{\mathrm{T}},\cdots,\widetilde{\boldsymbol{h}}_{L,1}^{\mathrm{T}},\cdots,\widetilde{\boldsymbol{h}}_{L,M_L}^{\mathrm{T}}) \tag{8.17}$$

然后，使用 ZF 方法 $\boldsymbol{V}=\widetilde{\boldsymbol{H}}^{\mathrm{H}}(\widetilde{\boldsymbol{H}}\widetilde{\boldsymbol{H}}^{\mathrm{H}})^{-1}$ 消除 MU 和 SBS 之间的干扰。最终第 $k$ 个 MU 的预编码向量可以表示为

$$\boldsymbol{v}_{0,k}=\frac{\boldsymbol{V}_k}{\|\boldsymbol{F}\boldsymbol{V}_k\|},\quad k\in\mathscr{K} \tag{8.18}$$

其中，$\boldsymbol{V}_k$ 表示 $\boldsymbol{V}$ 的第 $k$ 列。第 $l$ 个 SCC 中第 $j$ 个 SBS 的预编码向量 $\boldsymbol{v}_{l,j}$ 可以表示为

$$\boldsymbol{v}_{l,j}=\frac{\boldsymbol{V}_x}{\|\boldsymbol{F}\boldsymbol{V}_x\|},\quad l\in\mathscr{L},j\in\mathscr{M}_l \tag{8.19}$$

其中，当 $l=1$ 时，$x=K+j$；否则，$x=K+\sum_{l=1}^{L-1}M_l+j$。

## 8.3.2 EE 问题的形成

前面设计了 MBS 处的混合预编码来消除干扰。因此，第 $k$ 个 MU 的接收信号可以简化为

$$y_{0,k}=\sqrt{P_{0,k}}\boldsymbol{h}_{0,k}\boldsymbol{F}\boldsymbol{v}_{0,k}x_{0,k}+n_{0,k} \tag{8.20}$$

可达 DL 速率为

$$R_{0,k}^{\mathrm{MU}}(\mathscr{P}_{\mathrm{MU}})=W\log_2(1+\frac{P_{0,k}\,|\boldsymbol{h}_{0,k}\boldsymbol{F}\,\boldsymbol{v}_{0,k}|^2}{WN_0}) \tag{8.21}$$

其中，$\mathscr{P}_{\mathrm{MU}}$表示 MU 的功率分配策略，即 $P_{0,k}$。

同样，第 $l$ 个 SCC 中第 $j$ 个 SBS 的接收信号可以简化为

$$y_{l,j}=\sqrt{P_{l,j}}\boldsymbol{h}_{l,j}\boldsymbol{F}\,\boldsymbol{v}_{l,j}x_{l,j}+n_{l,j} \tag{8.22}$$

可达回程 DL 速率为

$$R_{l,j}^{\mathrm{BH}}(\mathscr{P}_{\mathrm{SBS}})=W\log_2\left(1+\frac{P_{l,j}\,|\boldsymbol{h}_{l,j}\boldsymbol{F}\,\boldsymbol{v}_{l,j}|^2}{WN_0}\right) \tag{8.23}$$

其中，$\mathscr{P}_{\mathrm{SBS}}$表示 SBS 的功率分配策略，即 $P_{l,j}$。

由于 SU 由每个 SCC 上不同子信道的多个 SBS 服务，因此第 $l$ 个 SCC 中第 $k$ 个 SU 可获得的 DL 速率可表示为

$$R_{l,k}^{\mathrm{SU}}(\mathscr{P}_{\mathrm{SU}},\mathscr{C})=\sum_{j=1}^{M_l}\sum_{n=1}^{N}c_{k,n}^{l,j}B_0\log_2\left(1+\frac{P_{k,n}^{l,j}\,|h_{k,n}^{l,j}|^2}{B_0N_0}\right) \tag{8.24}$$

其中，$B_0=B/N$ 表示子信道的带宽，$\mathscr{P}_{\mathrm{SU}}$ 和 $\mathscr{C}$ 分别表示 SU 的功率和子信道分配策略，即 $P_{k,n}^{l,j}$ 和 $c_{k,n}^{l,j}$。

类似的，第 $l$ 个 SCC 中第 $j$ 个 SBS 提供的可达到的 DL 速率可表示为

$$R_{l,k}^{\mathrm{SBS}}(\mathscr{P}_{\mathrm{SU}},\mathscr{C})=\sum_{k=1}^{K_l}\sum_{n=1}^{N}c_{k,n}^{l,j}B_0\log_2\left(1+\frac{P_{k,n}^{l,j}\,|h_{k,n}^{l,j}|^2}{B_0N_0}\right) \tag{8.25}$$

系统可达到的 EE 可以写为

$$\eta_{\mathrm{EE}}(\mathscr{P}_{\mathrm{MU}},\mathscr{P}_{\mathrm{SBS}},\mathscr{P}_{\mathrm{SU}},\mathscr{C})=\frac{R_{\mathrm{M}}(\mathscr{P}_{\mathrm{MU}})+R_{\mathrm{S}}(\mathscr{P}_{\mathrm{SU}},\mathscr{C})}{P_{\mathrm{C}}+P_{\mathrm{M}}(\mathscr{P}_{\mathrm{MU}})+P_{\mathrm{B}}(\mathscr{P}_{\mathrm{SBS}})+P_{\mathrm{S}}(\mathscr{P}_{\mathrm{SU}},C)} \tag{8.26}$$

其中

$$\begin{cases}
R_{\mathrm{M}}(\mathscr{P}_{\mathrm{MU}})=\sum_{k=1}^{K}R_{0,k}^{\mathrm{MU}}(\mathscr{P}_{\mathrm{MU}})\\
R_{\mathrm{S}}(\mathscr{P}_{\mathrm{SU}},\mathscr{C})=\sum_{l=1}^{L}\sum_{k=1}^{K_l}R_{l,k}^{\mathrm{SU}}(\mathscr{P}_{\mathrm{SU}},\mathscr{C})\\
P_{\mathrm{C}}=P_{\mathrm{c}}^{m}+\sum_{l=1}^{L}M_lP_{\mathrm{c}}^{s}\\
P_{\mathrm{M}}(\mathscr{P}_{\mathrm{MU}})=\xi\sum_{k=1}^{K}P_{0,k}\\
P_{\mathrm{B}}(\mathscr{P}_{\mathrm{SBS}})=\xi\sum_{l=1}^{L}\sum_{j=1}^{M_l}P_{l,j}\\
P_{\mathrm{S}}(\mathscr{P}_{\mathrm{SU}},\mathscr{C})=\xi\sum_{l=1}^{L}\sum_{j=1}^{M_l}\sum_{k=1}^{K_l}\sum_{n=1}^{N}c_{k,n}^{l,j}P_{k,n}^{l,j}
\end{cases}$$

最后，提出两层 mMIMO-HetNet 的 EE 最大化问题，即

$$\max_{\{\mathscr{P}_{\mathrm{MU}},\mathscr{P}_{\mathrm{SBS}},\mathscr{P}_{\mathrm{SU}},\mathscr{C}\}} \eta_{\mathrm{EE}}(\mathscr{P}_{\mathrm{MU}},\mathscr{P}_{\mathrm{SBS}},\mathscr{P}_{\mathrm{SU}},\mathscr{C}) \tag{8.27a}$$

$$\text{s.t.} \quad R_{0,k}^{\mathrm{MU}}(\mathscr{P}_{\mathrm{MU}}) \geqslant R_{\min}, \quad k \in \mathscr{K} \tag{8.27b}$$

$$R_{l,k}^{\mathrm{SU}}(\mathscr{P}_{\mathrm{SU}},\mathscr{C}) \geqslant R_{\min}, \quad l \in \mathscr{L}, k \in \mathscr{K}_l \tag{8.27c}$$

$$R_{l,j}^{\mathrm{BH}}(\mathscr{P}_{\mathrm{SBS}}) \geqslant R_{l,j}^{\mathrm{SBS}}(\mathscr{P}_{\mathrm{SU}},\mathscr{C}), \quad l \in \mathscr{L}, j \in \mathscr{M}_l \tag{8.27d}$$

$$\sum_{k=0}^{K} P_{0,k} + \sum_{l=1}^{L}\sum_{j=1}^{M_l} P_{l,j} \leqslant P_{\max}^{m} \tag{8.27e}$$

$$\sum_{k=1}^{K_l}\sum_{n=1}^{N} c_{k,n}^{l,j} P_{k,n}^{l,j} \leqslant P_{\max}^{s}, \quad l \in \mathscr{L}, j \in \mathscr{M}_l \tag{8.27f}$$

$$c_{k,n}^{l,j} = \{0,1\}, \quad n \in \mathscr{N}, l \in \mathscr{L}, j \in \mathscr{M}_l, k \in \mathscr{K}_l \tag{8.27g}$$

$$\sum_{j=1}^{M_l}\sum_{k=1}^{K_l} c_{k,n}^{l,j} \leqslant 1, \quad n \in \mathscr{N}, l \in \mathscr{L} \tag{8.27h}$$

其中，式(8.27b)和式(8.27c)分别规定了 MU 和 SU 的 QoS 要求，式(8.27d)确保 SBS 的接收回程 DL 速率不小于提供的速率，式(8.27e)和式(8.27f)分别表示 MBS 和 SBS 的最大发射功率约束。在上述问题中，假设所有 MU 和 SU 的 QoS 要求相同，即 $R_{\min}$，可以很容易地扩展到不同 QoS 要求的情况。此外，还对 SBS 的最大发射功率约束给出了类似的假设。

# 8.4　EE 最大化问题的求解

由于存在分数目标函数式(8.27a)和二进制子信道指示符变量 $c_{k,n}^{l,j}$，可以将式(8.27)视为 MINLFP 问题[17,18]。另外，除了二元变量约束之外，还存在非凸约束式(8.27d)，使得原问题难以直接解决。为了解决问题式(8.27)，本节首先将非凸 MINLFP 问题转换为 DCP 问题，然后通过适当的近似将公式化的 DCP 问题进一步简化为凸优化问题。最后，提出一种双环迭代算法来获得问题式(8.27)的解。

## 8.4.1　DCP 问题的制定

### 1. 二元变量的松弛

首先，本章将二进制变量 $c_{k,n}^{l,j}$ 放宽为[0,1]区间的连续值[19,20]，假设一个子信道仅分配给一个 SU-SBS 对，但是二进制约束的放松意味着 SU 和 SBS 之间的分时子信道分配，放松后实际上并没有解决原始问题。然而，文献[21]中已经验证了当可用子信道的数量达到无穷大时，宽松的解决方案任意接近非松弛问题。此外，可以通过几个子通道获得接近最佳的结果[22]。即使只有两个子信道，文献[20]也表明该解决方案接近于穷举搜索所获得的最

佳 EE。

根据上述方式松弛 $c_{k,n}^{l,j}\in[0,1]$，将 SU 的发射功率重新定义为 $\widetilde{P}_{k,n}^{l,j}=c_{k,n}^{l,j}P_{k,n}^{l,j}$。相应的，式(8.24)可以表示为

$$\widetilde{R}_{l,k}^{\mathrm{SU}}(\widetilde{\mathscr{P}}_{\mathrm{SU}},\mathscr{C})=\sum_{j=1}^{M_l}\sum_{n=1}^{N}c_{k,n}^{l,j}B_0\log_2\left(1+\frac{\widetilde{P}_{k,n}^{l,j}\,|h_{k,n}^{l,j}|^2}{c_{k,n}^{l,j}B_0N_0}\right)\tag{8.28}$$

式(8.25)可以转换为

$$\widetilde{R}_{l,k}^{\mathrm{SBS}}(\widetilde{\mathscr{P}}_{\mathrm{SU}},\mathscr{C})=\sum_{k=1}^{K_l}\sum_{n=1}^{N}c_{k,n}^{l,j}B_0\log_2\left(1+\frac{\widetilde{P}_{k,n}^{l,j}\,|h_{k,n}^{l,j}|^2}{c_{k,n}^{l,j}B_0N_0}\right)\tag{8.29}$$

因此，有以下定理。

**定理 8.1** 如果 $\widetilde{R}_{l,k}^{\mathrm{SBS}}(\widetilde{\mathscr{P}}_{\mathrm{SU}},\mathscr{C})$是关于 $\widetilde{\mathscr{P}}_{\mathrm{SU}}$和 $\mathscr{C}$ 的联合凸函数，那么 $\widetilde{R}_{l,k}^{\mathrm{SU}}(\widetilde{\mathscr{P}}_{\mathrm{SU}},\mathscr{C})$也是关于 $\widetilde{\mathscr{P}}_{\mathrm{SU}}$和 $\mathscr{C}$ 的联合凸函数。

**证明：**根据文献[23]，将函数 $f(x,y)=x\log(1+y/x)$称为函数 $g(y)=\log(1+y)$ 的透视运算，该函数与其原始函数 $g(y)$具有相同的凸度。显然，函数 $g(y)$是关于 $y$ 的凸函数，因此 $f(x,y)$是关于 $x$ 和 $y$ 的联合凸函数。

证毕。

原始的优化问题可转化为如下问题：

$$\max_{\{\mathscr{P}_{\mathrm{MU}},\mathscr{P}_{\mathrm{SBS}},\widetilde{\mathscr{P}}_{\mathrm{SU}},\mathscr{C}\}}\ \frac{R_{\mathrm{M}}(\mathscr{P}_{\mathrm{MU}})+\widetilde{R}_{\mathrm{S}}(\widetilde{\mathscr{P}}_{\mathrm{SU}},\mathscr{C})}{P_{\mathrm{C}}+P_{\mathrm{M}}(\mathscr{P}_{\mathrm{MU}})+P_{\mathrm{B}}(\mathscr{P}_{\mathrm{SBS}})+\widetilde{P}_{\mathrm{S}}(\widetilde{\mathscr{P}}_{\mathrm{SU}},\mathscr{C})}\tag{8.30a}$$

$$\text{s.t.}\quad 式(8.27b),式(8.27e),式(8.27h)\tag{8.30b}$$

$$\widetilde{R}_{l,k}^{\mathrm{SU}}(\widetilde{\mathscr{P}}_{\mathrm{SU}},\mathscr{C})\geqslant R_{\min},\quad l\in\mathscr{L},k\in\mathscr{K}_l\tag{8.30c}$$

$$R_{l,j}^{\mathrm{BH}}(\mathscr{P}_{\mathrm{SBS}})\geqslant\widetilde{R}_{l,j}^{\mathrm{SBS}}(\widetilde{\mathscr{P}}_{\mathrm{SU}},\mathscr{C}),\quad l\in\mathscr{L},j\in\mathscr{M}_l\tag{8.30d}$$

$$\sum_{k=1}^{K_l}\sum_{n=1}^{N}\widetilde{P}_{k,n}^{l,j}\leqslant P_{\max}^{s},\quad l\in\mathscr{L},j\in\mathscr{M}_l\tag{8.30e}$$

$$c_{k,n}^{l,j}=\{0,1\},n\in\mathscr{N},l\in\mathscr{L},\quad j\in\mathscr{M}_l,k\in\mathscr{K}_l\tag{8.30f}$$

其中

$$\begin{cases}\widetilde{R}_{\mathrm{S}}(\widetilde{\mathscr{P}}_{\mathrm{SU}},\mathscr{C})=\displaystyle\sum_{l=1}^{L}\sum_{k=1}^{K_l}\widetilde{R}_{l,k}^{\mathrm{SU}}(\widetilde{\mathscr{P}}_{\mathrm{SU}},\mathscr{C})\\ \widetilde{P}_{\mathrm{S}}(\widetilde{\mathscr{P}}_{\mathrm{SU}})=\xi\displaystyle\sum_{l=1}^{L}\sum_{j=1}^{M_l}\sum_{k=1}^{K_l}\sum_{n=1}^{N}\widetilde{P}_{k,n}^{l,j}\end{cases}$$

**2. 基于 DINKELBACH 方法的目标函数的变换**

接下来，将问题(8.30)的最大 EE $q^{\star}$定义为

$$q^{\star}=\frac{R_{\mathrm{M}}(\mathscr{P}_{\mathrm{MU}}^{\star})+\widetilde{R}_{\mathrm{S}}(\widetilde{\mathscr{P}}_{\mathrm{SU}}^{\star},\mathscr{C}^{\star})}{P_{\mathrm{C}}+P_{\mathrm{M}}(\mathscr{P}_{\mathrm{MU}}^{\star})+P_{\mathrm{B}}(\mathscr{P}_{\mathrm{SBS}}^{\star})+\widetilde{P}_{\mathrm{S}}(\widetilde{\mathscr{P}}_{\mathrm{SU}}^{\star})}$$

$$= \max_{\{\mathcal{P}_{MU},\mathcal{P}_{SBS},\widetilde{\mathcal{P}}_{SU},\mathcal{C}\}} \frac{R_M(\mathcal{P}_{MU})+\widetilde{R}_S(\widetilde{\mathcal{P}}_{SU},\mathcal{C})}{P_C+P_M(\mathcal{P}_{MU})+P_B(\mathcal{P}_{SBS})+\widetilde{P}_S(\widetilde{\mathcal{P}}_{SU})} \tag{8.31}$$

其中，$\{\mathcal{P}_{MU},\mathcal{P}_{SBS},\widetilde{\mathcal{P}}_{SU},\mathcal{C}\}\in\mathcal{H}$，$\mathcal{H}$ 为问题(8.30)的可行解的集合。相应地，可以得到以下定理。

**定理 8.2** 当且仅当满足式(8.32)时，才能达到最大 EE $q^\star$。

$$\max_{\{\mathcal{P}_{MU},\mathcal{P}_{SBS},\widetilde{\mathcal{P}}_{SU},\mathcal{C}\}} R_M(\mathcal{P}_{MU})+\widetilde{R}_S(\widetilde{\mathcal{P}}_{SU},\mathcal{C})-q^\star(P_C+P_M(\mathcal{P}_{MU})+P_B(\mathcal{P}_{SBS})+\widetilde{P}_S(\widetilde{\mathcal{P}}_{SU}))$$

$$=R_M(\mathcal{P}^\star_{MU})+\widetilde{R}_S(\widetilde{\mathcal{P}}^\star_{SU},\mathcal{C}^\star)-q^\star(P_C+P_M(\mathcal{P}^\star_{MU})+P_B(\mathcal{P}^\star_{SBS})+\widetilde{P}_S(\widetilde{\mathcal{P}}^\star_{SU}))=0 \tag{8.32}$$

**证明：**请参阅文献[17]。

根据定理 8.1，本章提出了一个双环迭代算法来解决具有等价目标函数的问题(8.30)。在算法 8.3 中总结了所提出的基于 Dinkelbach 方法的外环算法。算法 8.3 的收敛性证明可以参考文献[17]。具体来说，在每次迭代中解决内循环问题，如下所示：

$$\max_{\{\mathcal{P}_{MU},\mathcal{P}_{SBS},\widetilde{\mathcal{P}}_{SU},\mathcal{C}\}} R_M(\mathcal{P}_{MU})+\widetilde{R}_S(\widetilde{\mathcal{P}}_{SU},\mathcal{C})-$$

$$q(P_C+P_M(\mathcal{P}_{MU})+P_B(\mathcal{P}_{SBS})+\widetilde{P}_S(\widetilde{\mathcal{P}}_{SU})) \tag{8.33a}$$

$$\text{s.t.}\quad 式(8.30b),式(8.30c),式(8.30e)\sim式(8.30f) \tag{8.33b}$$

$$R^{BH}_{l,j}(\mathcal{P}_{SBS})-\widetilde{R}^{SBS}_{l,j}(\widetilde{\mathcal{P}}_{SU},\mathcal{C})\geqslant 0,\quad l\in\mathcal{L},j\in\mathcal{M}_l \tag{8.33c}$$

其中，式(8.33c)为式(8.30d)的减法形式。根据定理 8.1，目标函数式(8.33a)是凸的，而由约束式(8.33b)形成的可行集也是凸的。由于式(8.33c)中的 $R^{BH}_{l,j}(P_{SBS})$ 和 $\widetilde{R}^{SBS}_{l,j}(\widetilde{\mathcal{P}}_{SU},\mathcal{C})$ 都是凸的，因此式(8.33c)是凸差约束(Difference of Convex ,DC)[24,25]。因此，问题(8.33)是一个 DCP 问题，CCCP 算法被广泛用于解决此类问题[12,25,26]。CCCP 算法的主要思想是通过凸集迭代逼近非凸可行集，然后在每次迭代中解决公式化的凸优化问题。重复执行此过程，直到收敛或达到允许的最大迭代次数为止。

**算法 8.3**：MBS 子链接结构的模拟波束设计

1. 初始化最大迭代次数 $L_{max}$，最大误差 $\varepsilon$，最大 EE $q=0$，迭代索引 $n=0$
2. 循环(内循环)
3. 从求解给定 $q$ 的内循环问题(8.33)，获得资源分配 $\{\mathcal{P}'_{MU},\mathcal{P}'_{SBS},\widetilde{\mathcal{P}}'_{SU},\mathcal{C}'\}$
4. 计算 $\varepsilon^\star=R_M(\mathcal{P}'_{MU})+\widetilde{R}_S(\widetilde{\mathcal{P}}'_{SU},\mathcal{C}')-q(\mathcal{P}_C+\mathcal{P}_M(\mathcal{P}'_{MU})+\mathcal{P}_B(\mathcal{P}'_{SBS})+\widetilde{\mathcal{P}}_S(\widetilde{\mathcal{P}}'_{SU}))$
5. 如果 $\varepsilon^\star<\varepsilon$，循环
6. 收敛为真
7. 输出 $\{\mathcal{P}^\star_{MU},\mathcal{P}^\star_{SBS},\widetilde{\mathcal{P}}^\star_{SU},\mathcal{C}^\star\}=\{\mathcal{P}'_{MU},\mathcal{P}'_{SBS},\widetilde{\mathcal{P}}'_{SU},\mathcal{C}'\}$

$$q^\star=\frac{R_M(\mathcal{P}'_{MU})+\widetilde{R}_S(\widetilde{\mathcal{P}}'_{SU},\mathcal{C}')}{P_C+P_M(\mathcal{P}'_{MU})+P_B(\mathcal{P}'_{SBS})+\widetilde{P}_S(\widetilde{\mathcal{P}}'_{SU})}$$

8. 其他

9. 设置 $q=\dfrac{R_{\mathrm{M}}(\mathscr{P}'_{\mathrm{MU}})+\widetilde{R}_{\mathrm{S}}(\widetilde{\mathscr{P}}'_{\mathrm{SU}},\mathscr{C}')}{P_{\mathrm{C}}+P_{\mathrm{M}}(\mathscr{P}'_{\mathrm{MU}})+P_{\mathrm{B}}(\mathscr{P}'_{\mathrm{SBS}})+\widetilde{P}_{\mathrm{S}}(\widetilde{\mathscr{P}}'_{\mathrm{SU}})}$, $n=n+1$

10. 收敛为假

11. 结束判断

12. 直到收敛为真或 $n=L_{\max}$ 时结束循环

## 8.4.2 凸优化问题的求解

现在根据文献[27],通过逼近方式将式(8.33c)转换为凸集约束,在当前点 $[\widetilde{\mathscr{P}}^{\diamond}_{\mathrm{SU}},\mathscr{C}^{\diamond}]^{(t)}$ 处第 $t$ 次迭代的式(8.33c)中 $\widetilde{R}^{\mathrm{SBS}}_{l,j}(\widetilde{\mathscr{P}}_{\mathrm{SU}},\mathscr{C})$ 的一阶泰勒展开可以表示为

$$
\begin{aligned}
&\widehat{\widetilde{R}^{\mathrm{SBS}}_{l,j}}([[\widetilde{\mathscr{P}}^{\diamond}_{\mathrm{SU}},\mathscr{C}^{\diamond}]^{(t)}],[\widetilde{\mathscr{P}}_{\mathrm{SU}},\mathscr{C}])\\
&=\widetilde{R}^{\mathrm{SBS}}_{l,j}([\widetilde{P}^{\diamond}_{\mathrm{SU}},C^{\diamond}]^{(t)})+\left(\frac{(\widetilde{\mathscr{P}}_{\mathrm{SU}}-\widetilde{P}^{\diamond}_{\mathrm{SU}})\partial}{\partial_{\widetilde{\mathscr{P}}_{\mathrm{SU}}}}+\frac{(\mathscr{C}-\mathscr{C}^{\diamond})\partial}{\partial_{\mathrm{C}}}\right)\times\widetilde{R}^{\mathrm{SBS}}_{l,j}([\widetilde{\mathscr{P}}^{\diamond}_{\mathrm{SU}},\mathscr{C}^{\diamond}]^{(t)})
\end{aligned}
\tag{8.34}
$$

式(8.34)是一个关于 $[\widetilde{\mathscr{P}}_{\mathrm{SU}},\mathscr{C}]$ 的映射函数,其中 $\partial\widetilde{R}^{\mathrm{SBS}}_{l,j}/\partial_{\widetilde{\mathscr{P}}_{\mathrm{SU}}}$ 表示 $\widetilde{R}^{\mathrm{SBS}}_{l,j}$ 关于 $\widetilde{\mathscr{P}}_{\mathrm{SU}}$ 的一阶偏导数。式(8.33c)可以近似为以下凸约束:

$$
\begin{aligned}
&R^{\mathrm{BH}}_{l,j}(\mathscr{P}_{\mathrm{SBS}})-\widehat{\widetilde{R}^{\mathrm{SBS}}_{l,j}}([[\widetilde{\mathscr{P}}^{\diamond}_{\mathrm{SU}},\mathscr{C}^{\diamond}]^{(t)}],[\widetilde{\mathscr{P}}_{\mathrm{SU}},\mathscr{C}])\\
&=R^{\mathrm{BH}}_{l,j}(\mathscr{P}_{\mathrm{SBS}})-\widetilde{R}^{\mathrm{SBS}}_{l,j}([\widetilde{\mathscr{P}}^{\diamond}_{\mathrm{SU}},\mathscr{C}^{\diamond}]^{(t)})-\left(\frac{(\widetilde{\mathscr{P}}_{\mathrm{SU}}-\widetilde{\mathscr{P}}^{\diamond}_{\mathrm{SU}})\partial}{\partial_{\widetilde{\mathscr{P}}_{\mathrm{SU}}}}+\frac{(\mathscr{C}-\mathscr{C}^{\diamond})\partial}{\partial_{C}}\right)\times\\
&\quad\widetilde{R}^{\mathrm{SBS}}_{l,j}([\widetilde{\mathscr{P}}^{\diamond}_{\mathrm{SU}},\mathscr{C}^{\diamond}]^{(t)})\geqslant 0,\quad l\in\mathscr{L},j\in\mathscr{M}_l
\end{aligned}
\tag{8.35}
$$

因此,在第 $t$ 次迭代中,可以将式(8.33)转换为如下凸优化问题:

$$
\max_{\{\mathscr{P}_{\mathrm{MU}},\mathscr{P}_{\mathrm{SBS}},\widetilde{\mathscr{P}}_{\mathrm{SU}},\mathscr{C}\}} R_{\mathrm{M}}(\mathscr{P}_{\mathrm{MU}})+\widetilde{R}_{\mathrm{S}}(\widetilde{\mathscr{P}}_{\mathrm{SU}},\mathscr{C})-q(P_{\mathrm{C}}+P_{\mathrm{M}}(\mathscr{P}_{\mathrm{MU}})+P_{\mathrm{B}}(\mathscr{P}_{\mathrm{SBS}})+\widetilde{P}_{\mathrm{S}}(\widetilde{\mathscr{P}}_{\mathrm{SU}}))
\tag{8.36a}
$$

$$
\text{s.t. 式(8.30b), 式(8.30c), 式(8.30e)}\sim\text{式(8.30f), 式(8.35)}\tag{8.36b}
$$

由于式(8.36)是一个对偶间隙为零的凸优化问题,求解其对偶问题等同于求解原始问题[28]。因此,首先将问题(8.36)写成拉格朗日方程:

$$
\begin{aligned}
&\mathscr{L}_a(\boldsymbol{\lambda},\boldsymbol{\mu},\boldsymbol{\nu},\boldsymbol{\beta},\boldsymbol{\alpha},\delta,\mathscr{P}_{\mathrm{MU}},\mathscr{P}_{\mathrm{SBS}},\widetilde{\mathscr{P}}_{\mathrm{SU}},\mathscr{C})\\
&=R_{\mathrm{M}}(P_{\mathrm{MU}})+\widetilde{R}_{\mathrm{S}}(\widetilde{\mathscr{P}}_{\mathrm{SU}},\mathscr{C})-q(P_{\mathrm{C}}+P_{\mathrm{M}}(P_{\mathrm{MU}})+P_{\mathrm{B}}(P_{\mathrm{SBS}})+\widetilde{P}_{\mathrm{S}}(\widetilde{\mathscr{P}}_{\mathrm{SU}}))+\\
&\sum_{k=1}^{K}\lambda_k(R^{\mathrm{MU}}_{0,k}(\mathscr{P}_{\mathrm{MU}})-R_{\min})+\sum_{l=1}^{L}\sum_{k=1}^{K_l}\mu_{l,k}(\widetilde{R}^{\mathrm{SU}}_{l,k}(\widetilde{\mathscr{P}}_{\mathrm{SU}},\mathscr{C})-R_{\min})+
\end{aligned}
$$

$$\sum_{l=1}^{L}\sum_{j=1}^{M_l}\nu_{l,j}(R_{l,j}^{\mathrm{BH}}(\mathscr{P}_{\mathrm{SBS}})-\widetilde{R}_{l,j}^{\mathrm{SBS}}([\widetilde{\mathscr{P}}_{\mathrm{SU}}^{\diamond},\mathscr{C}^{\diamond}]^{(t)})-$$
$$\left(\frac{(\widetilde{\mathscr{P}}_{\mathrm{SU}}-\widetilde{\mathscr{P}}_{\mathrm{SU}}^{\diamond})\partial}{\partial_{\widetilde{\mathscr{P}}_{\mathrm{SU}}}}+\frac{(\mathscr{C}-\mathscr{C}^{\diamond})\partial}{\partial_{C}}\right)\times\widetilde{R}_{l,j}^{\mathrm{SBS}}([\widetilde{\mathscr{P}}_{\mathrm{SU}}^{\diamond},\mathscr{C}^{\diamond}]^{(t)})+$$
$$\sum_{l=1}^{L}\sum_{j=1}^{M_l}\beta_{l,j}(P_{\max}^{s}-\sum_{k=1}^{K_l}\sum_{n=1}^{N}\widetilde{P}_{k,n}^{l,j})+\sum_{k=1}^{K_l}\sum_{n=1}^{N}\alpha_{l,j}(1-\sum_{j=1}^{M_l}\sum_{k=1}^{K_l}c_{k,n}^{l,j})+$$
$$\delta(P_{\max}^{m}-\sum_{k=0}^{K}P_{0,k}-\sum_{l=1}^{L}\sum_{j=1}^{M_l}P_{l,j}) \tag{8.37}$$

其中，$\boldsymbol{\lambda}$ 和 $\boldsymbol{\mu}$ 分别是由元素 $\lambda_k(k\in\mathscr{K})$ 和 $\mu_{l,k}(l\in\mathscr{L},k\in\mathscr{K}_l)$ 组成的与 MU 和 SU 的 QoS 约束相关联的拉格朗日乘数矢量，$\boldsymbol{\nu}$ 和 $\boldsymbol{\beta}$ 分别是由元素 $\nu_{l,j}(l\in\mathscr{L},j\in\mathscr{K}_l)$ 和 $\beta_{l,j}(l\in\mathscr{L},j\in\mathscr{K}_l)$ 组成的对应 SBS 的回程和功率约束的拉格朗日乘数矢量，具有元素 $\alpha_{l,n}(l\in\mathscr{L}n\in\mathscr{N})$ 的 $\boldsymbol{\alpha}$ 是与子频道分配相关联的拉格朗日乘数，$\delta$ 是与 MBS 的功率约束相对应的拉格朗日乘数。

因此，对偶问题可表示为

$$\min_{\boldsymbol{\lambda},\boldsymbol{\mu},\boldsymbol{\nu},\boldsymbol{\beta},\boldsymbol{\alpha},\delta\geqslant 0}\mathscr{G}(\boldsymbol{\lambda},\boldsymbol{\mu},\boldsymbol{\nu},\boldsymbol{\beta},\boldsymbol{\alpha},\delta)=\min_{\boldsymbol{\lambda},\boldsymbol{\mu},\boldsymbol{\nu},\boldsymbol{\beta},\boldsymbol{\alpha},\delta\geqslant 0}\max_{\mathscr{P}_{\mathrm{MU}},\mathscr{P}_{\mathrm{SBS}},\widetilde{\mathscr{P}}_{\mathrm{SU}},\mathscr{C}}\mathscr{L}_a \tag{8.38}$$

为了解决对偶问题(8.38)，首先固定拉格朗日乘数和 $q$，然后通过求解 $\max\limits_{\mathscr{P}_{\mathrm{MU}},\mathscr{P}_{\mathrm{SBS}},\widetilde{\mathscr{P}}_{\mathrm{SU}},\mathscr{C}}\mathscr{L}_a$ 获得相应的功率和子信道分配策略。由于它是标准的凸优化问题，因此可以应用 Karush-Kuhn-Tucker(KKT)条件来获得最佳解[23]。根据以下一阶导数：

$$\left.\frac{\partial\mathscr{L}_a}{\partial P_{0,k}}\right|_{P_{0,k}=P_{0,k}^{\star}}=0,\left.\frac{\partial\mathscr{L}_a}{\partial P_{l,j}}\right|_{P_{l,j}=P_{l,j}^{\star}}=0 \tag{8.39}$$

可以通过如下方式获得 MU 和 SBS 的功率分配：

$$P_{0,k}^{\star}=\left[\frac{(1+\lambda_k)W}{(q\xi+\delta)\ln 2}-\frac{1}{\gamma_{0,k}}\right]^{+} \tag{8.40}$$

$$P_{l,j}^{\star}=\left[\frac{\nu_{l,j}W}{(q\xi+\delta)\ln 2}-\frac{1}{\gamma_{l,j}}\right]^{+} \tag{8.41}$$

其中，$\gamma_{0,k}=|\boldsymbol{h}_{0,k}\boldsymbol{F}\boldsymbol{v}_{0,k}|^2/WN_0$，$\gamma_{l,j}=|\boldsymbol{h}_{l,j}\boldsymbol{F}\boldsymbol{v}_{l,j}|^2/WN_0$。然后，SU 的功率分配 $\widetilde{P}_{k,n}^{l,j\star}$ 的和子信道分配 $c_{k,n}^{l,j\star}$ 可以通过最速下降法获得[23,29]。

接下来，可以使用梯度方法来解决对偶问题的最小化式(8.38)[23]，如式(8.42)所示，其中 $o$ 是迭代索引，$\zeta_1(o)-\zeta_6(o)$ 为正步长。当所选步长满足文献[30]中的条件时，可以保证收敛到最优解。然后，使用基于 CCCP 的迭代算法(即内部循环)找到问题(8.33)的解，该问题在算法 8.4 中进行了总结。

$$\lambda_k(o+1)=[\lambda_k(o)-\zeta_1(o)(R_{0,k}^{\mathrm{MU}}(\mathscr{P}_{\mathrm{MU}})-R_{\min})]^{+},\quad k\in\mathscr{K}$$

$$\mu_{l,k}(o+1)=[\mu_{l,k}(o)-\zeta_2(o)(\widetilde{R}_{l,k}^{\mathrm{SU}}(\widetilde{\mathscr{P}}_{\mathrm{SU}},\mathscr{C})-R_{\min})]^{+},\quad l\in\mathscr{L},k\in\mathscr{K}_l$$

$$\nu_{l,k}(o+1)=\Big[\nu_{l,k}(o)-\zeta_3(o)(R_{l,j}^{\mathrm{BH}}(P_{\mathrm{SBS}})-\widetilde{R}_{l,j}^{\mathrm{SBS}}([\widetilde{\mathscr{P}}_{\mathrm{SU}}^{\diamond},\mathscr{C}^{\diamond}]^{(t)})-$$

$$\left(\frac{(\widetilde{\mathscr{P}}_{\text{SU}}-\widetilde{\mathscr{P}}_{\text{SU}}^{\diamondsuit})\partial}{\partial_{\widetilde{\mathscr{P}}_{\text{SU}}}}+\frac{(\mathscr{C}-\mathscr{C}^{\diamondsuit})\partial}{\partial_{\text{C}}}\right)\times \widetilde{R}_{l,j}^{\text{SBS}}([\widetilde{\mathscr{P}}_{\text{SU}}^{\diamondsuit},\mathscr{C}^{\diamondsuit}]^{(t)}))\Big]^{+},\quad l\in\mathscr{L},j\in\mathscr{M}_l$$

$$\beta_{l,k}(o+1)=\Big[\beta_{l,k}(o)-\zeta_4(o)(P_{\max}^{s}-\sum_{k=1}^{K_l}\sum_{n=1}^{N}\widetilde{P}_{k,n}^{l,j})\Big]^{+},\quad l\in\mathscr{L},j\in\mathscr{M}_l$$

$$\alpha_{l,n}(o+1)=\Big[\alpha_{l,n}(o)-\zeta_5(o)(1-\sum_{j=1}^{M_l}\sum_{k=1}^{K_l}c_{k,n}^{l,j})\Big]^{+},\quad l\in\mathscr{L},n\in\mathscr{N}$$

$$\delta(o+1)=\Big[\delta(o)-\zeta_6(o)(P_{\max}^{m}-\sum_{k=0}^{K}P_{0,k}-\sum_{l=1}^{L}\sum_{j=1}^{M_l}P_{l,j})\Big]^{+} \tag{8.42}$$

**算法 8.4**:基于 CCCP 的迭代算法求解问题(8.33)

1. 初始化最大迭代次数 $L_{\max}^{1}$,最大误差 $\varepsilon_1$,可行点 $[\widetilde{\mathscr{P}}_{\text{SU}}^{\diamondsuit},\mathscr{C}^{\diamondsuit}]^{(0)}$,迭代索引 $t=0$
2. 循环(内循环)
3. 根据式(8.34)计算 $\widehat{\widetilde{R}_{l,j}^{\text{SBS}}}([[\widetilde{\mathscr{P}}_{\text{SU}}^{\diamondsuit},\mathscr{C}^{\diamondsuit}]^{(t)}],[\widetilde{\mathscr{P}}_{\text{SU}},\mathscr{C}])$
4. 初始化拉格朗日乘数 $\boldsymbol{\lambda},\boldsymbol{\mu},\boldsymbol{\nu},\boldsymbol{\beta},\boldsymbol{\alpha},\delta$
5. 循环(求解问题(8.36))
6. 由式(8.40)、式(8.41)获得 $P_{0,k}^{\star}$、$P_{l,j}^{\star}$,通过最速下降法[23,29]获得 $\widetilde{P}_{k,n}^{l,j\star}$、$c_{k,n}^{l,j\star}$
7. 根据式(8.42)更新 $\boldsymbol{\lambda},\boldsymbol{\mu},\boldsymbol{\nu},\boldsymbol{\beta},\boldsymbol{\alpha},\delta$
8. 拉格朗日乘数收敛时结束循环
9. 计算 $\text{Obj}^{(t)}=R_{\text{M}}(\mathscr{P}_{\text{MU}}^{\star})+\widetilde{R}_{\text{S}}(\widetilde{\mathscr{P}}_{\text{SU}}^{\star},\mathscr{C}^{\star})-q(P_{\text{C}}+P_{\text{M}}(\mathscr{P}_{\text{MU}}^{\star})+P_{\text{B}}(\mathscr{P}_{\text{SBS}}^{\star})+\widetilde{P}_{\text{S}}(\widetilde{\mathscr{P}}_{\text{SU}}^{\star}))$
10. 更新 $t=t+1$,$[\widetilde{\mathscr{P}}_{\text{SU}}^{\diamondsuit},\mathscr{C}^{\diamondsuit}]^{(t)}=\{\widetilde{P}_{k,n}^{l,j\star},c_{k,n}^{l,j\star}\}(n\in\mathscr{N},l\in\mathscr{L},j\in\mathscr{M}_l,k\in\mathscr{K}_l)$
11. 当 $|\text{Obj}^{(t+1)}-\text{Obj}^{(t)}|\leqslant\varepsilon_1$ 或 $t\geqslant L_{\max}^{1}$ 时结束循环

同时,有以下定理。

**定理 8.3** 经过有限次迭代后,算法 8.4 至少收敛到局部最优点。

**证明**:首先,分析算法 8.4 的收敛性。根据算法 8.4,对于给定的初始可行点 $[\widetilde{\mathscr{P}}_{\text{SU}}^{\diamondsuit},\mathscr{C}^{\diamondsuit}]^{(0)}$,可以通过第 $t$ 次迭代获得凸优化问题式(8.36)的可行点 $\{\mathscr{P}_{\text{MU}},\mathscr{P}_{\text{SBS}},\widetilde{\mathscr{P}}_{\text{SU}},\mathscr{C}\}^{(t)}$。为方便起见,将式(8.36)中的凸目标函数定义为 $\mathscr{U}(\mathscr{P}_{\text{MU}},\mathscr{P}_{\text{SBS}},\widetilde{\mathscr{P}}_{\text{SU}},\mathscr{C})=R_{\text{M}}(\mathscr{P}_{\text{MU}})+\widetilde{R}_{\text{S}}(\widetilde{\mathscr{P}}_{\text{SU}},\mathscr{C})-q(P_{\text{C}}+P_{\text{M}}(\mathscr{P}_{\text{MU}})+P_{\text{B}}(\mathscr{P}_{\text{SBS}})+\widetilde{P}_{\text{S}}(\widetilde{\mathscr{P}}_{\text{SU}}))$,因此序列 $\{\mathscr{U}(\{\mathscr{P}_{\text{MU}},\mathscr{P}_{\text{SBS}},\widetilde{\mathscr{P}}_{\text{SU}},\mathscr{C}\}^{(t)})\}$ 随着迭代次数 $t$ 的增加而单调增加。由于发射功率是有限的,序列 $\{\mathscr{U}(\{\mathscr{P}_{\text{MU}},\mathscr{P}_{\text{SBS}},\widetilde{\mathscr{P}}_{\text{SU}},\mathscr{C}\}^{(t)})\}$ 是存在上界且收敛的,并且由于目标函数是严格的凸函数,因此序列 $\{\mathscr{U}(\{\mathscr{P}_{\text{MU}},\mathscr{P}_{\text{SBS}},\widetilde{\mathscr{P}}_{\text{SU}},\mathscr{C}\}^{(t)})\}$ 的上界是唯一的。

接下来,分析算法 8.4 的稳定性。假设 $\{\mathscr{P}_{\text{MU}},\mathscr{P}_{\text{SBS}},\widetilde{\mathscr{P}}_{\text{SU}},\mathscr{C}\}^{\ddagger}$ 是序列 $\{\mathscr{P}_{\text{MU}},\mathscr{P}_{\text{SBS}},\widetilde{\mathscr{P}}_{\text{SU}},\mathscr{C}\}^{(t)}$ 的极限点,当迭代次数 $t$ 达到无穷大时,有以下定义:

$$\{\mathscr{P}_{\mathrm{MU}},\mathscr{P}_{\mathrm{SBS}},\widetilde{\mathscr{P}}_{\mathrm{SU}},\mathscr{C}\}^{\ddagger}\stackrel{\Delta}{=}\lim_{t\to\infty}\{\mathscr{P}_{\mathrm{MU}},\mathscr{P}_{\mathrm{SBS}},\widetilde{\mathscr{P}}_{\mathrm{SU}},\mathscr{C}\}^{(t)} \tag{8.43}$$

根据以上定义，可知极限点$\{\mathscr{P}_{\mathrm{MU}},\mathscr{P}_{\mathrm{SBS}},\widetilde{\mathscr{P}}_{\mathrm{SU}},\mathscr{C}\}^{\dagger}$是凸优化问题(8.36)的解。因此，式(8.36)也可以写成如下形式：

$$\max_{\{\mathscr{P}_{\mathrm{MU}},\mathscr{P}_{\mathrm{SBS}},\widetilde{\mathscr{P}}_{\mathrm{SU}},\mathscr{C}\}} \quad \mathscr{U}(\mathscr{P}_{\mathrm{MU}},\mathscr{P}_{\mathrm{SBS}},\widetilde{\mathscr{P}}_{\mathrm{SU}},\mathscr{C}) \tag{8.44a}$$

$$\text{s.t.}\quad R_{l,j}^{\mathrm{BH}}(P_{\mathrm{SBS}})-\widehat{\widetilde{R}_{l,j}^{\mathrm{SBS}}}([\widetilde{\mathscr{P}}_{\mathrm{SU}},\mathscr{C}]^{\ddagger},[\widetilde{\mathscr{P}}_{\mathrm{SU}},\mathscr{C}])\geqslant 0,\quad l\in\mathscr{L},j\in\mathscr{M}_l \tag{8.44b}$$

$$\mathscr{P}_{\mathrm{MU}},\mathscr{P}_{\mathrm{SBS}},\widetilde{\mathscr{P}}_{\mathrm{SU}},\mathscr{C}\in\mathscr{F} \tag{8.44c}$$

其中，$\mathscr{F}$是约束式(8.30b)、式(8.30c)和式(8.30e)～式(8.30f)的可行约束集。然后，可得以下相等关系：

$$\begin{aligned}&R_{l,j}^{\mathrm{BH}}(\mathscr{P}_{\mathrm{SBS}}^{\ddagger})-\widehat{\widetilde{R}_{l,j}^{\mathrm{SBS}}}([\widetilde{\mathscr{P}}_{\mathrm{SU}},\mathscr{C}]^{\ddagger})\\&=R_{l,j}^{\mathrm{BH}}(\mathscr{P}_{\mathrm{SBS}}^{\ddagger})-\widehat{\widetilde{R}_{l,j}^{\mathrm{SBS}}}([\widetilde{\mathscr{P}}_{\mathrm{SU}},\mathscr{C}]^{\ddagger},[\widetilde{\mathscr{P}}_{\mathrm{SU}},\mathscr{C}]^{\ddagger})\\&=0,\quad l\in\mathscr{L},j\in\mathscr{M}_l\end{aligned} \tag{8.45}$$

其中，式(8.45)表示式(8.44b)对于极限点$\{\mathscr{P}_{\mathrm{MU}},\mathscr{P}_{\mathrm{SBS}},\widetilde{\mathscr{P}}_{\mathrm{SU}},\mathscr{C}\}^{\ddagger}$有效。接下来，通过矛盾法证明式(8.45)，假设$R_{l,j}^{\mathrm{BH}}(P_{\mathrm{SBS}}^{\ddagger})>\widehat{\widetilde{R}_{l,j}^{\mathrm{SBS}}}([\widetilde{\mathscr{P}}_{\mathrm{SU}},\mathscr{C}]^{\ddagger},[\widetilde{\mathscr{P}}_{\mathrm{SU}},\mathscr{C}]^{\ddagger})$，这意味着MBS可以降低第$l$个SCC中第$j$个SBS的发送功率，而DL总速率$R_{\mathrm{M}}(\mathscr{P}_{\mathrm{MU}})+\widetilde{R}_{\mathrm{S}}(\widetilde{\mathscr{P}}_{\mathrm{SU}},\mathscr{C})$不变，在这种情况下，MBS可以发送用于其他MU或SBS的剩余功率，这提高了DL总速率。由于项$q(P_{\mathrm{C}}+P_{\mathrm{M}}(\mathscr{P}_{\mathrm{MU}})+P_{\mathrm{B}}(\mathscr{P}_{\mathrm{SBS}})+\widetilde{P}_{\mathrm{S}}(\widetilde{\mathscr{P}}_{\mathrm{SU}}))$不变并且项$R_{\mathrm{M}}(\mathscr{P}_{\mathrm{MU}})+\widetilde{R}_{\mathrm{S}}(\widetilde{\mathscr{P}}_{\mathrm{SU}},\mathscr{C})$增加，所以$U(\mathscr{P}_{\mathrm{MU}},\mathscr{P}_{\mathrm{SBS}},\widetilde{\mathscr{P}}_{\mathrm{SU}},\mathscr{C})$将增加，这表明了极限点$\{\mathscr{P}_{\mathrm{MU}},\mathscr{P}_{\mathrm{SBS}},\widetilde{\mathscr{P}}_{\mathrm{SU}},\mathscr{C}\}^{\ddagger}$不是问题(8.45)的最优解，这与原始假设是矛盾的。因此，可以在极限点$\{\mathscr{P}_{\mathrm{MU}},\mathscr{P}_{\mathrm{SBS}},\widetilde{\mathscr{P}}_{\mathrm{SU}},\mathscr{C}\}^{\ddagger}$处获得式(8.45)。

根据以上分析，无论如何选择初始点$[\widetilde{\mathscr{P}}_{\mathrm{SU}}^{\diamond},\mathscr{C}^{\diamond}]^{(0)}$，只有在其可行时，才可以通过解决问题(8.44)来获得最终收敛点，即极限点$\{\mathscr{P}_{\mathrm{MU}},\mathscr{P}_{\mathrm{SBS}},\widetilde{\mathscr{P}}_{\mathrm{SU}},\mathscr{C}\}^{\ddagger}$。换句话说，极限点是问题(8.33)的稳定点[31]。

综上所述，证明了稳定点是局部最优的。众所周知，稳定点可以是鞍点、局部最小值或局部最大值，因此需要证明所有稳定点都是DCP式(8.33)的局部最大值。接下来将通过收缩来证明极限点$\mathbb{P}^{\ddagger}(\mathbb{P}^{\ddagger}=\{\{\mathscr{P}_{\mathrm{MU}},\mathscr{P}_{\mathrm{SBS}},\widetilde{\mathscr{P}}_{\mathrm{SU}},\mathscr{C}\}^{\ddagger}\})$是局部最小值，并且存在满足$\|\mathbb{P}^{\ddagger}-\mathbb{P}\|\leqslant\zeta$和$\mathscr{U}(\mathbb{P})\geqslant\mathscr{U}(\mathbb{P}^{\ddagger})$的常量$\zeta>0$。定义$\vartheta\stackrel{\Delta}{=}\frac{\zeta}{\|\mathbb{P}\|}>0$，$\mathbb{P}^{\ddagger *}\stackrel{\Delta}{=}(1-\vartheta)\mathbb{P}^{\ddagger}$，$\mathbb{P}^{\ddagger *}$也是DCP式(8.33)的可行点，并且$\|\mathbb{P}^{\ddagger}-\mathbb{P}^{\ddagger *}\|\leqslant\zeta$。然后可以得到

$$\mathscr{U}(\mathbb{P}^{\ddagger *})\geqslant\mathscr{U}(\mathbb{P}^{\ddagger}) \tag{8.46}$$

由式(8.33a)可得$\mathscr{U}(\mathbb{P}^{\ddagger *})\leqslant\mathscr{U}(\mathbb{P}^{\ddagger})$，这与式(8.46)是矛盾的，因此最初的假设无效，极限点$\mathbb{P}^{\ddagger}$不是局部最小值。对于DCP式(8.33)而言，所有稳定点都应该是局部最大值，极

限点$\mathbb{P}^{\ddagger}$是局部最优的。

证毕。

虽然基于 CCCP 的迭代算法可能不能保证全局最优解，但它们之间的性能差距很小[12]，并且文献[32]中已经验证了它有可能获得全局最优解。

由于算法 8.4 的最终二进制子信道分配指示符被放宽为介于[0,1]之间的实数值，本章必须将其恢复为布尔值。首先通过 $Q_{k,n}^{l,j}=\partial\mathcal{La}/\partial c_{k,n}^{l,j}\Big|_{\widetilde{P}_{k,n}^{l,j}=\widetilde{P}_{k,n}^{l,j\star},c_{k,n}^{l,j}=\widetilde{P}_{k,n}^{l,j\star}}$ 计算每个 $c_{k,n}^{l,j}$ 的边际收益[20,29]，然后可以通过以下方式将指示符 $c_{k,n}^{l,j}$ 恢复为 0 或 1：

$$c_{k^\star,n}^{l,j^\star}=\begin{cases}1, & \{k,j\}=\arg\max\limits_{k\in\mathcal{K}_l,j\in\mathcal{M}_l}Q_{k,n}^{l,j}\text{ 且 }Q_{k,n}^{l,j}\geqslant 0\\0, & \text{其他}\end{cases}\tag{8.47}$$

最后，本章通过解决问题(8.36)并根据恢复的 $c_{k,n}^{l,j}$ 获得功率分配策略。

### 8.4.3 计算复杂度分析

现在分析所提出方案的计算复杂性。假设外循环(即算法 8.3)和内循环(即算法 8.4)的迭代次数分别为 $L_o$ 和 $L_i$。由于对偶变量的个数为 $K+\sum_{l=1}^{L}(K_l+2M_l+N)$，所以求解问题(8.38)的计算复杂度为 $\mathcal{O}\left(\left|K+\sum_{l=1}^{L}(K_l+2M_l+N)\right|^2\right)$[33]，而采用最速下降法得到 $\widetilde{P}_{k,n}^{l,j\star}$ 和 $c_{k,n}^{l,j\star}$ 的复杂度为 $\mathcal{O}\left(\sum_{l=1}^{L}(N+K_l+M_l)/\varepsilon^2\right)$。因此，本章所提解决方案的整体计算复杂度为 $\mathcal{O}\left(2L_oL_i\left|K+\sum_{l=1}^{L}(K_l+2M_l+N)\right|^2\left(\sum_{l=1}^{L}(N+K_l+M_l)/\varepsilon^2\right)\right)$。

## 8.5 仿真结果

本节评估所提方案的性能，如图 8.1 所示，考虑一个两层的 mMIMO-HetNet 系统，其中 MC 的半径为 500 m，并具有位于中心的大型天线 MBS、$L$ 个 SCC 和 $K$ 个 MU 随机分布在 MC 中，而 $M_l$ 个 SBS 和 $K_l$ 个 SU 在第 $l$ 个 SCC 的 150 m 半径范围内随机分布，毫米波通道的中心频率为 73 GHz，带宽为 200 MHz，路径损耗模型为[69.7 + 24log 10($d_m$)]dB，其中 $d_m$ 表示距离(m)。本章假设在毫米波信道中有 $G=8$ 个簇，并且方位角 AoA 在[0,2π]内均匀分布，$\sigma_{l,k}^{g}=1$。另外，MBS 的最大发射功率为 46 dBm，蜂窝频率信道遵循 3GPP LTE-A 标准，以 2 GHz 为中心，带宽为 20 MHz，并被划分为 $N=128$ 个子信道，路径损耗为[38+30log 10($d_m$)]dB，蜂窝频率的多个信道被认为具有 $N/4$ 个抽头的指数延迟分布。另外，MU 和 SU 的 QoS 要求为 10 Mbit/s，单个 SBS 的最大发射功率设置为23 dBm，噪声功率频谱密度为 −174 dBm/Hz。另外，设置 $P_{\mathrm{BB}}=200$ mW，$P_{\mathrm{RF}}=300$ mW，

$P_{PA}=40$ mW，$P_{PS}=20$ mW 和 $P_c^s=100$ mW，而功率放大器的低效因子 $\xi$ 设置为 1/0.38。

## 8.5.1 单个 SCC 中的 SBS 和 SU 性能仿真

本节设置 $N_{TX}=300$，$M_l=1$，$K_l=1$，$K=3$，这意味着每个 SCC 由一个 SBS 和 SU 组成。在这种情况下，问题不涉及子信道分配，因为 SU 由具有所有子信道的单个 SBS 服务。图 8.3 显示了吞吐量与 RF 链数量的关系，其中设置 $q=0$，即将 EE 最大化问题转化为吞吐量最大化问题。RF 链的最小数量应不小于 MU 和 SBS 的总数，即 $LM_l+K=6$。从图 8.3 可以看出，全数字预编码的吞吐量高于混合预编码的吞吐量。此外，当 RF 链数量较大时，全连接下混合预编码结构的吞吐量与全数字预编码的吞吐量非常接近。由于 RF 链仅连接到不相交的子链接天线，因此在子链接结构下使用混合预编码的吞吐量最低。另外，图 8.4 绘制了对应的 EE。可以看出，当采用子链接结构时 EE 最高，全连接结构下的 EE 随着 RF 链数的增加而减小。前者是因为在子链接结构中使用的移相器的数量少，只有 300 个，这减少了能量消耗。相反，全连接的结构中移相器的数量随着 RF 链的数量而迅速增加。例如，当 $N_{RF}=6$ 时，移相器的数量为 $6N_{TX}=1\,800$；而当 $N_{RF}=30$ 时，相移器的数量将达到 90 000。尽管吞吐量随 RF 链的数量而增长，但由于大型移相器导致的高能耗，EE 呈现出相反的趋势。

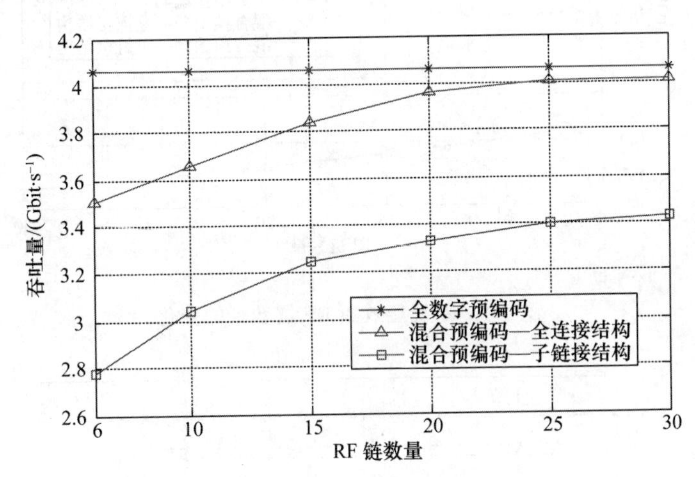


图 8.3 系统吞吐量随 RF 链数量的变化

在上述仿真中 $q=0$，EE 没有被最大化，因此，图 8.5 表明了当考虑 EE 最大化问题时 EE 与 RF 链数量的关系。与图 8.4 相比，当考虑 EE 最大化时，很明显三种方案均获得了更高的 EE，此外，子链接结构仍可达到最高 EE。同时，图 8.6 绘制了相应的吞吐量。与图 8.3 相比，所有三种方案的吞吐量都较低，这符合本章的预期。

总而言之，尽管在三种方案中，子链接结构下采用混合预编码的吞吐量最低，但其 EE 却远高于其他方案。为了提高吞吐量，可以采用全连接的结构，但这也会带来额外的能耗，这意味着需要在 EE 和吞吐量中进行折中。

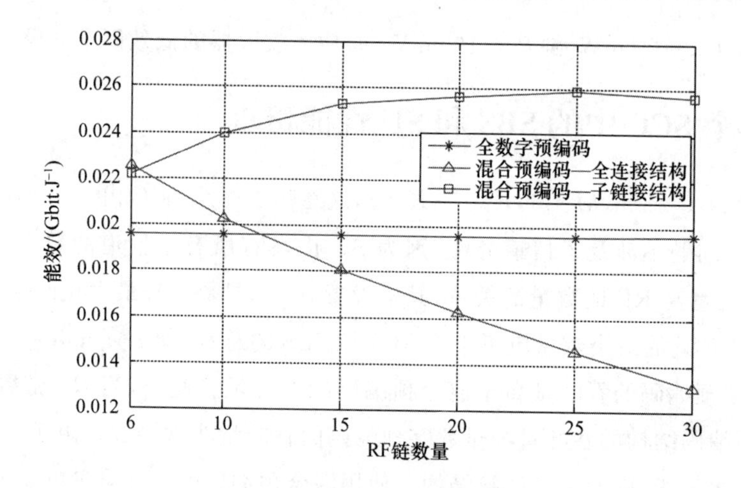


图 8.4 系统能效随 RF 链数量的变化

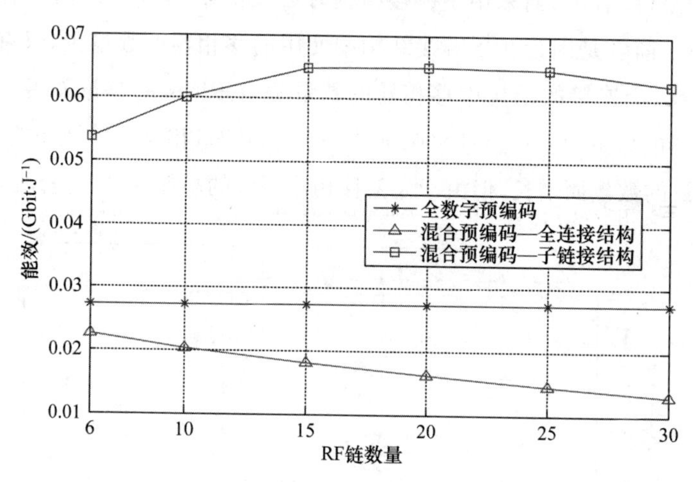


图 8.5 系统能效随 RF 链数量的变化

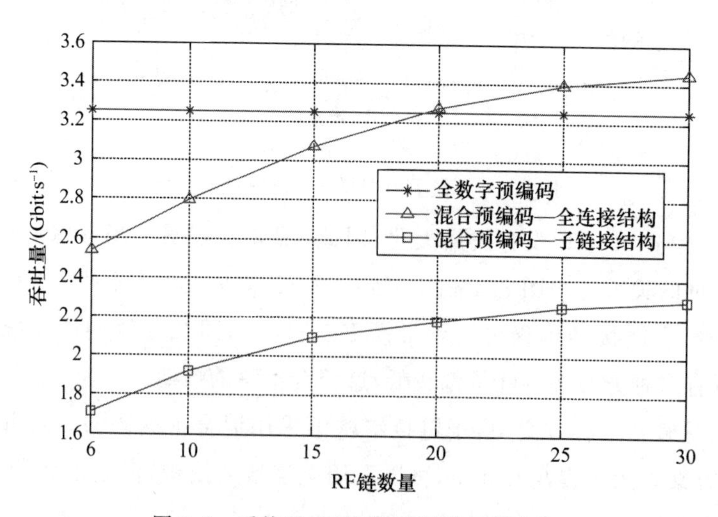


图 8.6 系统吞吐量随 RF 链数量的变化

### 8.5.2 单个SCC中存在多个SBS和SU时的性能仿真

本节设置 $N_{TX}=300, M_l=K_l=3, K=6$。在这种情况下,RF链的最小数量应为 $3L+K=15$。图8.7和图8.8分别绘制了吞吐量、EE与RF链数量的关系。在图8.7中,图例中的"吞吐量最大化"表示最大化吞吐量(即 $q=0$)时系统的吞吐量,而"能效最大化"表示最大化EE时系统的吞吐量。在图8.8中,图例中的"吞吐量"表示最大化吞吐量(即 $q=0$)时系统的EE,而"EE"表示最大化EE时系统的EE。与单个SBS和SU的情况类似,可以观察到,尽管在子链接结构下使用混合预编码的吞吐量较低,但其EE最高,尤其是在考虑EE最大化问题时。另外,全连接结构下的EE仍然很低。

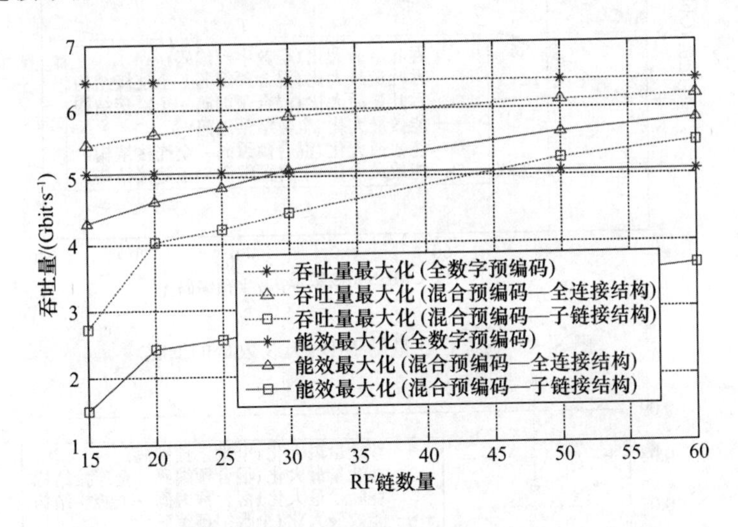


图8.7 系统吞吐量随RF链数量的变化

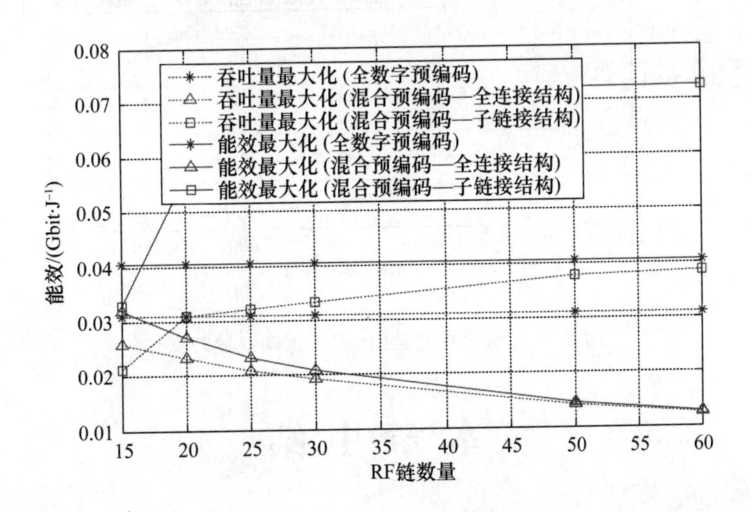


图8.8 系统能效随RF链数量的变化

图 8.9 和图 8.10 分别说明了当 RF 链的数量为 30 时吞吐量和 EE 与 MBS 天线数量的关系。可以发现，吞吐量随着 $N_{TX}$ 的增加而增加，而 EE 却呈现相反的趋势，这意味着增加天线以增加能量为代价提高了波束成形增益。尽管数字预编码的吞吐量是所有方案中最高的，但其硬件成本和能耗很高。同样，子链接结构下的混合预编码仍比其他方案具有更好的 EE 性能。

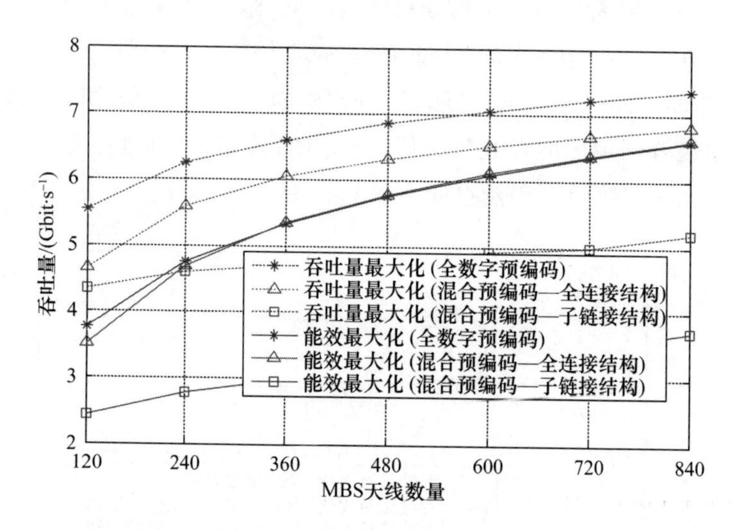


图 8.9　系统吞吐量随 MBS 天线数量的变化

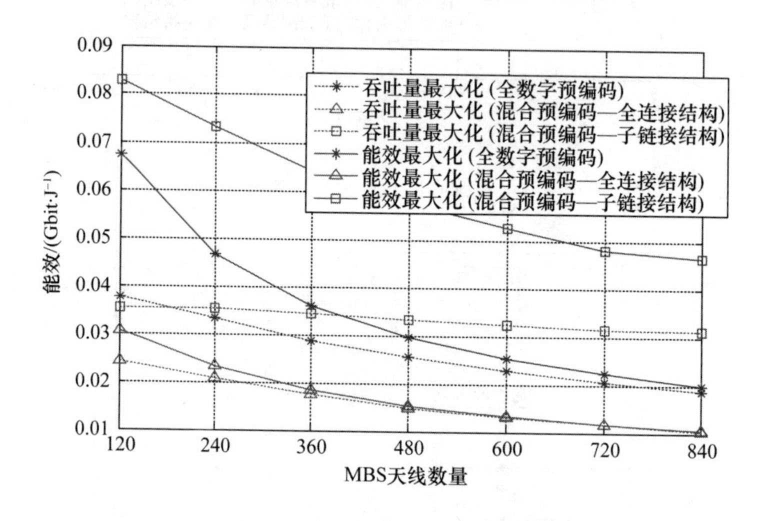


图 8.10　系统吞吐量随 MBS 天线数量的变化

# 本章小结

本章首先设计了毫米波 MBS 上具有不同结构的 MU 和 SBS 的混合预编码，然后制定了联合功率和子信道分配问题，以通过有限的无线回程链路容量来最大化两层 mMIMO-

HetNet的EE。由于所提出的MINLFP问题不具有凸性，本章将其重新构造为DCP。此外，本章设计了一个双环迭代算法来获得功率和子信道分配。仿真结果表明，所提出的具有大量RF链的全连接的混合预编码结构的吞吐量接近于数字预编码的吞吐量，而子链接混合预编码结构由于能耗低而在所有方案中实现了最高的EE。

# 本章参考文献


[1] GAO Z, DAI L, MI D, et al. mmWave massive-MIMO-based wireless backhaul for the 5G ultra-dense network[J]. IEEE Wireless Communications, 2015, 22(5): 13-21.

[2] GAO X, DAI L, HAN S, et al. Energy-efficient hybrid analog and digital precoding for mmWave MIMO systems with large antenna arrays[J]. IEEE Journal on Selected Areas in Communications,2016, 34(4): 998-1009.

[3] STEPHEN R G, ZHANG R. Joint millimeter-wave fronthaul and OFDMA resource allocation in ultra-dense CRAN[J]. IEEE Transactions on Communications, 2017, 65(3): 1411-1423.

[4] ZHANG H, VENKATESWARAN S, MADHOW U. Channel modeling and MIMO capacity for outdoor millimeter wave links[C]//IEEE Wireless Communication & Networking Conference, IEEE, 2010: 1-6.

[5] RANGAN S, RAPPAPORT T S, ERKIP E. Millimeter Wave Cellular Wireless Networks: Potentials and Challenges[J]. Proceedings of the IEEE, 2014, 102(3): 366-385.

[6] ALKHATEEB A, AYACH O E, LEUS G, et al. Channel estimation and hybrid precoding for millimeter wave cellular systems[J]. IEEE Journal of Selected Topics in Signal Processing, 2014, 8(5):831-846.

[7] AYACH O E, RAJAGOPAL S, ABU-SURRA S, et al. Spatially sparse precoding in millimeter wave MIMO systems [J]. IEEE Transactions on Wireless Communications, 2013, 13(3):1499-1513.

[8] RAGHAVAN V, SAYEED A M. Sublinear capacity scaling laws for sparse MIMO channels [J]. IEEE Transactions on Information Theory, 2010, 57(1): 345-364.

[9] HEATH R W, GONZALEZ-PRELCIC N, RANGAN S, et al. An overview of signal processing techniques for millimeter wave MIMO systems[J]. IEEE Journal of Selected Topics in Signal Processing, 2015, 10(3):136-453.

[10] HE S, QI C, WU Y, et al. Energy-efficient transceiver design for hybrid sub-array

architecture MIMO systems[J]. IEEE Access, 2017, 4: 9895-9905.

[11] NG D W K, LO E S, SCHOBER R. Energy-efficient resource allocation in OFDMA systems with large numbers of base station antennas[J]. IEEE Transactions on Wireless Communications, 2012, 11(9): 3292-3304.

[12] ChEN L, YU F R, JI H, et al. Green full-duplex self-backhaul and energy harvesting small cell networks with massive MIMO[J]. IEEE Journal on Selected Areas in Communications, 2016, 34(12): 3709-3724.

[13] ALKHATEEB A, LEUS G, HEATH R W, et al. Limited feedback hybrid precoding for multi-user millimeter wave systems[J]. IEEE Transactions on Wireless Communications, 2015, 14(11): 6481-6494.

[14] NOH J, KIM T, SEOL J Y, et al. Zero-forcing based hybrid beamforming for multi-user millimeter wave systems[J]. IET Communications, 2016, 10(18): 2670-2677.

[15] ZHU X, WANG Z, DAI L, et al. Adaptive hybrid precoding for multi-user massive MIMO[J]. IEEE Communications Letters, 2016, 20(4): 776-779.

[16] LIN C, LI G Y. Energy-efficient design of indoor mmWave and sub-THz systems with antenna arrays[J]. IEEE Transactions on Wireless Communications, 2016, 15(7): 4660-4672.

[17] DINKELLACH W. On nonlinear fractional programming[J]. Management Science, 1967, 13(7): 492-498.

[18] RICARDO G, RÓDENAS M, LUZ LÓPEZ, et al. Extensions of Dinkelbach's algorithm for solving non-linear fractional programming problems[J]. Top, 1999, 7(1): 33-70.

[19] WONG C Y, CHENG R S, et al. Multiuser OFDM with adaptive subcarrier, bit, and power allocation[J]. IEEE Journal on Selected Areas in Communications, 1999, 17(10): 1747-1758.

[20] CHEUNG K T K, YANG S, HANZO L. Maximizing energy-efficiency in multi-relay OFDMA cellular networks[J]. IEEE Transactions on Communications, 2013, 61(8): 2746-2757.

[21] YU W, LUI R. Dual methods for nonconvex spectrum optimization of multicarrier systems[J]. IEEE Transactions on Communications, 2006, 54(7): 1310-1322.

[22] SEONG K, MOHSENI M, CIOFFI J M. Optimal resource allocation for OFDMA downlink systems[C]//Information Theory, 2006 IEEE International Symposium

on. IEEE，2006：1394-1398.

[23] BOYD S，VANDENBERGHE L. Convex Optimization[M]. 北京：世界图书出版公司，2013.

[24] HORST R，THOAI N V. DC programming：overview[J]. Journal of Optimization Theory & Applications，1999，103(1)：1-43.

[25] SMOLA A J，VISHWANATHAN S，HOFMANN T. Kernel methods for missing variables[C]//Proceedings of the 10th International Workshop on Artificial Intelligence and Statistics，2005：325-332.

[26] BHARATH K SRIPERUMBUDUR，GERT R G. On the convergence of the concave-convex procedure[C]//International Conference on Neural Information Processing Systems. Curran Associates Inc. 2009：1759-1767.

[27] LI H，TÜLAY ADAL. Complex-valued adaptive signal processing using nonlinear functions[J]. EURASIP Journal on Advances in Signal Processing，2008(1)：1-9.

[28] KANG X. Optimal power allocation for bi-directional cognitive radio networks with fading channels[J]. IEEE Wireless Communications Letters，2013，2(5)：567-570.

[29] LIU G，YU F R，JI H，et al. Distributed resource allocation in virtualized full-duplex relaying networks[J]. IEEE Transactions on Vehicular Technology，2016，65(10)：8444-8460.

[30] DIMITRI P. 非线性规划[M]. 2版. 北京：清华大学出版社，2013.

[31] WINSTON W L，GOLDBERG J B. Operations research：applications and algorithms[M]. Pws-Kent Publishing Company，1987.

[32] LI Q，ZHANG Q，QIN J. Beamforming in non-regenerative two-way multi-antenna relay networks for simultaneous wireless information and power transfer[J]. IEEE Transactions on Wireless Communications，2014，13(10)：5509-5520.

[33] ALAM M S，MARK J W，SHEN X S. Relay selection and resource allocation for multi-user cooperative OFDMA networks[J]. IEEE Transactions on Wireless Communications，2013，12(5)：2193-2205.